超级链技术原理与实战开发

主　编　林　熹　肖　伟

副主编　陆小婷　张靖梓　吴俊杰

参　编　黄尚超　赵梦琨　李　翼

　　　　王旭东　郑　旗　陈咨霖

　　　　樊冰新　陈逢锦　刘嘉祥

　　　　王翔宇　张一凡

机械工业出版社

本书是一本介绍百度超级链（XuperChain）的入门级实战教程。超级链是百度公司基于区块链的思想开发的平台，结合了多项区块链现有项目的优点，现已经开源并投入使用。本书旨在为读者提供超级链入门的指导操作以及落地案例分享。

本书内容详细，通俗易懂，所有项目均在超级链平台上进行，读者能够通过超级链的实战操作了解超级链的基本概念以及技术原理，并由对超级链的学习引申为对整个区块链知识体系的学习，通过本书的实战指导，深入区块链领域挖掘感兴趣的应用方向。

本书作为百度超级链的实战指导图书，广泛适用于百度超级链以及区块链开发入门的读者，也可作为区块链领域的管理人员、科研人员、工程技术人员以及相关专业本科生和研究生的实践参考书。

图书在版编目（CIP）数据

超级链技术原理与实战开发/林熹，肖伟主编. —北京：机械工业出版社，2023.7

ISBN 978-7-111-73596-0

Ⅰ.①超… Ⅱ.①林… ②肖… Ⅲ.①区块链技术 Ⅳ.①TP311.135.9

中国国家版本馆 CIP 数据核字（2023）第 138504 号

机械工业出版社（北京市百万庄大街 22 号　邮政编码 100037）
策划编辑：裴　泱　　　　　　责任编辑：裴　泱　张翠翠
责任校对：薄萌钰　陈　越　　封面设计：马精明
责任印制：常天培
北京机工印刷厂有限公司印刷
2023 年 10 月第 1 版第 1 次印刷
184mm×260mm·15.75 印张·349 千字
标准书号：ISBN 978-7-111-73596-0
定价：59.80 元

电话服务　　　　　　　　　网络服务
客服电话：010-88361066　　机　工　官　网：www.cmpbook.com
　　　　　010-88379833　　机　工　官　博：weibo.com/cmp1952
　　　　　010-68326294　　金　书　网：www.golden-book.com
封底无防伪标均为盗版　　机工教育服务网：www.cmpedu.com

前　言

随着区块链技术的迅速发展，相关行业也在悄然发生变化。作为一种新兴技术，区块链凭借智能合约、分布式账本等核心技术，除了为金融服务领域的支付结算、资金管理提供划时代的帮助之外，还在多个场景实现重要价值，突破阻碍其发展的多个难题。区块链技术要得到多方的接受和理解，离不开系统化的建设，以及多方数据的互相联通。由于各个地区的信息化水平良莠不齐，部分地区的信息化建设成本高、兼容性和可操作性差，因此区块链技术的普及和推广工作会面临不小的挑战。2021 年，区块链技术被列为七大数字经济重点产业之一，这也意味着区块链中的智能合约、加密算法、分布式系统等技术会不断得到升级、创新。

百度公司迎合国内区块链市场的迫切需求，基于现有区块链项目以及自主创新推出了 XuperChain，并不断进行技术迭代更新。现在，该项目已经开源并在多种落地场景投入使用，取得了不错的效果，为国内的区块链应用市场做了一个示范以及基础铺垫。后续无论是同类区块链产品的研发还是基于 XuperChain 的上层建设，都将为国内区块链产业生态圈做出显著的贡献。

本书是由哈尔滨工业大学（深圳）区块链发展研究院联合百度公司推出的 XuperChain 原理与实战同步课程的指导教材，为 XuperChain 的用户以及高校、企业、个人区块链爱好者提供入门指导。

本书主要分为 4 个方面的内容：第 1、2 章为区块链的基本思想以及部分顶级项目介绍，以方便读者对区块链及后续的超级链内容有系统的了解；第 3~5 章先对百度超级链的基本概念以及关键技术进行详细解读分析，然后从最基本的环境搭建到超级链的链上配置，再到简单的链上操作，均给出了详细的示范，同时给出了超级链落地场景之一——可信存证原理与实现；第 6 章为区块链时下的热门方向——隐私计算的基本概念和关键技术介绍，并简要介绍了其与超级链的结合，为后续介绍超级链的发展以及区块链的实际应用做了一个铺垫；第 7 章为一些应用案例展示，是课程学员组队开发的小型区块链项目，可以在读者自己动手开发时给予一定的启发。

本书的编写分工如下：林熹、肖伟任主编，提出编写设想与主要方向，并编写大纲，负责最后统稿等；陆小婷、张靖梓、吴俊杰任副主编，并参与第1、2、6章的编写；哈尔滨工业大学（深圳）林熹团队的黄尚超参与第1、6章的编写，赵梦琨、李翼、王旭东分别参与第3~5章的编写；百度超级链肖伟团队的郑旗、陈咨霖、樊冰新、陈逢锦、刘嘉祥、王翔宇、张一凡提供第3~6章的实操手册以及参考资料，同时参与第7章学生作业指导的编写。

本书在编写过程中参考了大量文献，在此对文献作者表示最衷心的感谢！特别感谢哈尔滨工业大学（深圳）、百度超级链团队等单位对本书编写所提供的大力支持和帮助！

由于编写人员的知识和经验有限，书中难免有不足之处，欢迎广大读者批评指正。

编　者

目　录

前言

第1章
区块链概述

1.1 区块链的源起和思想

1.1.1 数字货币诞生

在原始商业行为中，代币（Token）使用的效率很高，方便交易结算。这个时候谁手里有硬币并不重要，重要的是硬币被赋予了货币结算的价值，这个时候的代币使用范围仅限于一城一地。但是商业行为会自动扩大，马车、轮船的发明使得全世界可交易的范围越来越广，这个时候，硬币因为其自身重量的关系，成本变得越来越高。直到纸币以及银行的诞生，使得前往不同地域的商人持有该银行的票据便可取款，这也是支票的来源。随着全球化商业行为越来越多，票据商业范围逐渐扩大，国家与国家之间也签订了协议，支持票据的合法性。直到如今互联网的出现和发展，人们可以随时随地用智能手机交换各种信息和服务。此时使用某种特定货币进行结算反而极为不方便，这种需求就催生了很多电子货币专业支付服务。传统的电子货币由于其价值受限于国家之间的法定货币，无法满足这种需求。因此，加密数字货币应运而生，其去中心化、安全、匿名的特点使其成为一种全球性的信用货币。在加密数字货币系统中，代币被赋予了货币结算的价值，而其交易结算的效率和方便性也得到了极大的提升。这种货币形式在全球范围内已经得到越来越广泛的应用，成为未来数字经济发展的重要趋势。

数字货币的出现可以说是人类在追求更加完美的社会经济交易方式和全球贸易便利的期望之下而诞生的，是人类在运用科技探讨并解决需求的过程中被发现的。人们对数字货币的探索起源于20世纪末。1990年，David Chaum创建了数字现金公司DigiCash，并制作了一个数字化的货币系统，称为eCash，应用加密技术以保证消费者在交易中对商家匿名。1997年，Adam Back提出了Hashcash⊖算法，其中用到了工作量证明（Proof of Work，PoW）系

⊖ Hashcash是一种工作量证明系统，由Adam Back在1997年提出，并在Back的2002年论文《Hashcash-拒绝服务对策》中进行了更正式的描述，用于限制垃圾邮件和拒绝服务攻击，并以在比特币中作为挖掘算法的一部分而广为人知。

1

统，这种工作量证明后来成为比特币（Bitcoin）的核心要素之一。同年，Haber 和 Stornetta 提出了用时间戳（Timestamp）的方法保证数字文件安全的协议，这个协议是比特币区块链协议的原型。1998 年出现的 B-money 则强调点对点的交易和不可更改的交易记录。这些早期探索为比特币的出现打下了坚实的基础。

2008 年 10 月 31 日，一个署名为中本聪的人向几百个密码爱好者群发了一篇经典论文，阐述了比特币点对点、去中心化的核心思想；2008 年 11 月 16 日又发布了比特币的代码；2009 年 1 月 3 日，中本聪挖出第一个区块，即所谓的创世区块，比特币正式诞生。自 2009 年 1 月比特币区块链上线以来，世界上又发明出来一种新型的货币——数字货币。数字货币从物理属性上来看，与电子货币一样，也是一串数字，但数字货币的数字又与电子货币的数字不同，它是由一行行计算机代码组成的；从信用属性来看，法定货币由主权政府信用背书，私人货币由私人机构信用背书（如腾讯在它的社区里发行的 Q 币，就是由腾讯公司来做信用背书的），而比特币却由一种数学算法来做信用背书。

1.1.2 比特币

2008 年，中本聪的论文 *Bitcoin：A Peer-to-Peer Electronic Cash System* 中阐述了基于点对点（Peer-to-Peer，P2P）数据加密等技术的比特币系统，通过分布式节点群的网络共识（Consensus）机制，实现一个无须共同信任的第三方机构介入的 P2P 电子交易系统。2009 年 1 月 3 日，第一个序号为 0 的创世区块诞生。1 月 9 日产生了序号为 1 的区块，与序号为 0 的创世区块相连成链，标志着比特币区块链的正式诞生。

比特币只能通过挖矿获得，总量固定为 2100 万个，从创世区块开始，比特币以约每 10min 50 个的速度增长。当总量达到 1050 万时（2100 万的 50%）时，区块奖励减半为 25 个。比特币最基本的数据结构是区块，区块通过与前一区块的加密哈希（Hash）链接在一起形成链表，由链表中的区块顺序确定比特币的当前状态，这些链表代表所有已执行交易的分类账本。

比特币是一个点对点的电子现金系统，是一种创新型支付网络和一种新的数字货币。其优点在于，它的去中心化实现了点对点的价值转移。但是不可否认，比特币也存在很多缺点：

1）交易确认通常需要数分钟甚至超过 10min，而现在市场上的交易可能是零点几秒，甚至是瞬时确认。

2）存在发行量上限。比特币的发行机制也被称为挖矿，采用工作量证明共识机制。约定每 10min 生成一个区块，生成新区块的节点获得比特币奖励，奖励每 4 年减半，最早为 50 个比特币/区块，目前为 12.5 个比特币/区块。以此规则计算，比特币的发行量将在 2140 年达到 2100 万个上限。

3）价值不稳定。比特币的价格最初为 0。2009 年 10 月 5 日，新自由标准（New Liberty Standard）发布比特币汇率，按耗电量计算，1 美元相当于 1309.03 比特币。2010 年 11 月 6

日，第一个比特币交易所 MtGox 成立，1 比特币相当于 0.5 美元。此后，比特币的价格出现飞跃式上涨，在 2013 年 11 月涨至 8000 元人民币的历史高点。2014 年 2 月，MtGox 被盗宣告破产，比特币价格暴跌至 900 元；之后又暴涨到 7000 元的水平。2016 年，比特币的市值已达到 100 多亿美元，可以说是迄今为止最成功的数字货币。截至 2021 年 3 月，比特币的价格已经达到了每个 5 万多美元。可见比特币的价格波动是极大的，而要作为一种货币，价值就必须要相对稳定。

4）既透明又匿名，容易成为洗钱的载体和资本外流的工具。目前，我国政府不支持或认可比特币作为公开交易的货币，因此用人民币买比特币是国家禁止的行为。不过，现在许多比特币交易所都需要实名认证，央行可以研究如何去管理加密数字货币，以加强对其的监管和防范相关风险的发生。

5）发行机制耗费过大。比特币通过算力竞争，即挖矿获得。参与挖矿的人越来越多，为挖得更多区块，获得更多比特币奖励，更快的设备被投入挖矿之中，全网算力不断提高，挖矿难度和成本也不断增大。从理论上推测，单个机构或者单个矿池最后的挖矿成本一定会接近所得比特币奖励的价值。所以说，比特币最终的成本和它的价值应该是相等的。但从整体来看，众人在挖矿中投入的成本远超过所产生的比特币价值。这样实际上会造成大量的浪费，甚至会产生环境污染问题。

6）区块总体体积不断变大。存储比特币需要比特币钱包，最基础的比特币钱包就是比特币核心钱包。比特币是一个账本系统，每一次交易之后都把数据写入区块，从而导致它的数据量增长极快。如果单个节点（钱包内）使整个比特币网络数据同步，数据将接近 100GB，随着交易不断发生，存储的数据量将变得更加庞大。

1.1.3　区块链核心概念

1. 区块

区块是构成区块链的基本单元，由包含原数据的区块头和包含交易数据的区块主体构成。区块头包含了三组原数据：第一组是用来连接前面的区块以及索引自父区块哈希值的数据；第二组是挖矿难度、随机数（Nonce，用于证明工作量算法的计数器）、时间戳；第三组是能够总结并迅速归纳校验区块中全部交易数据的根数据⊖。

在整个区块链系统里，大约每十几分钟就会创建一个区块，这个区块里面包含了这段时间全网范围内发生的所有交易，每一个区块也包含了前一个区块的识别码，这样就使得每一个区块都能找到其前面的一个节点，一直倒推，就形成了一条完整的交易链条。从区块链诞生之初到现在，全网已经形成了一条唯一的主链。

2. 哈希算法

哈希算法是区块链中保证交易信息不被轻易篡改的单向密码机制。哈希算法在收到一段

⊖　这里指默克尔树（区块中记录交易的一种树状数据结构）的根节点数据。

明文之后，以一种不可逆转的方式将其转换为一段长度比较短、位数固定的散列数据。它具有两个特点：第一，整个加密的过程是不可逆的，这也就意味着人们没有办法通过输出的散列数据倒推原来的明文；第二，输入的明文和输出的散列数据是一一对应的，任何一个输入信息的变化，都会影响最终输出数据的变化。

在区块链的世界中，通常使用 SHA-256（安全散列算法）进行区块的加密，其长度为256 位，最终输出的结果是一串长度为 64 字节的随机散列数据。区块链通过哈希算法对正在交易的区块中的信息进行加密，并将其压缩成一串数字和字母组合的散列字符串。区块链的哈希值能够准确而唯一地识别并标识一个区块，其中任何一个节点都能够通过简单的哈希计算获得这个区块的哈希值。如果计算出的哈希值没有变化，就意味着区块中的数据没有被篡改。

3. 公钥和私钥

公钥和私钥是区块链中经常用到的名称，通俗来说就是一种不对称的加密方式，是对过去传统的对称加密方式的升级和提高。

用常见的电子邮件加密模型来简单进行介绍，公钥就是给大家用的，可以通过电子邮件发布，也可以通过网站来让别人下载，是用来加密的。而私钥，则是自己的，必须小心保存，最好加上复杂的密码来确保其安全。私钥用来解密，并且私钥通常由个人拥有。在比特币的系统中，私钥的本质是 64 个字节组成的数组，公钥的地址和生成都依赖私钥，有了私钥就能够生成地址，就能够花费对应地址上的比特币。

4. 时间戳

区块链中的时间戳从区块生成的那一刻起就存在于区块之中，它对应的是每一次交易记录的认证，证明交易记录的真实性。时间戳是直接写在区块链中的，而区块链中已经生成的区块不可篡改，因为一旦篡改，生成的哈希值就会变化，从而变成一个无效的数据。每一个时间戳都会将前一个时间戳纳入其随机哈希值中，这一过程不断重复，依次相连，最后生成一个完整的链条。

5. 默克尔（Merkle）树结构

区块链利用默克尔树的数据结构存放所有叶子节点的值，并以此为基础生成一个统一的哈希值。默克尔树的叶子节点存储的是数据信息的哈希值，非叶子节点存储的是对其下面所有叶子节点的组合进行哈希计算后得出的哈希值。同样的，区块中任意一个数据的变更都会导致默克尔树结构发生变化，在交易信息验证比对的过程中，默克尔树结构能够大大减少数据的计算量，毕竟人们只需验证默克尔树结构生成的统一哈希值就可以了。

在传统的互联网领域中，互联网公司的业务数据都是放在一个中心服务器上的，这个服务器是一个大型的数据中心，即云计算中心。如百度搜索引擎，在搜索过程中涉及海量的数据处理及计算，这些数据全部存储在百度的服务器中，完全被百度所掌控，搜索数据的拥有者只有一个节点，那就是百度公司。互联网公司要修改这些数据是很容易的，只需要在服务器中修改数据即可，公司可以随意修改数据，这对于用户来说并不太友好，尤其是涉及商务或者机密领域。

如图 1-1 所示，传统互联网依靠主体信用来确保数据汇总的可靠性，这种中心化的结构存在一些问题：数据归集难、数据更新难、数据存证和溯源难、数据修复公信力不足。为了解决传统的中心化结构造成的这些问题，去中心化这个概念被提出了。所谓去中心化，顾名思义就是没有中心化的节点。在去中心化系统中，任何人都是一个节点，任何人也都可以成为一个中心。任何中心都不是永久的，而是阶段性的，任何中心对节点都不具有强制性。

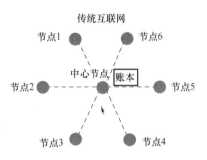

图 1-1　传统互联网的中心化网络

图 1-2 所示的去中心化区块链网络总共有 6 个节点，每个节点都单独存储着相同的账本，如果其中一个人需要修改账本的内容，那么就需要其他 5 个节点都同意，这个过程称为共识。一个简单的共识可以描述为超过 2/3 的节点都同意，那么此次修改就会通过。通过此次修改后，所有 6 个节点的账本会被同时修改。因为需要节点间的共识，因此数据不会被轻易篡改。一个节点要修改数据，就需要大部分节点达成共识，单独一个节点是无法修改的。

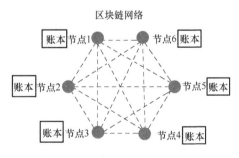

图 1-2　去中心化的区块链网络

一般认为，区块链是由一串使用密码学方法产生的数据区块组成的，每一个区块都包含了上一个区块的哈希值。从创世区块开始连接到当前区块而形成的一组数据，即区块链。每一个区块都确保按照时间顺序在上一个区块之后产生，否则前一个区块的哈希值是未知的。狭义来讲，区块链是一种按照时间顺序将数据区块以链条的方式组合成特定数据结构，并以密码学方式保证的不可篡改和不可伪造的去中心化共享总账（Decentralized Shared Ledger），能够安全存储简单的、有先后关系的、能在系统内验证的数据。广义的区块链技术则是利用加密链式区块结构来验证与存储数据，利用分布式节点共识算法来生成和更新数据，利用自动化脚本代码（智能合约）来编程和操作数据的一种全新的去中心化基础架构与分布式计算范式。

区块链依靠区块链技术在全网节点建立公信力，其优点是数据源身份可安全验证、责权明确、可迅速归集上链、可全网同步备份、数据安全可控、可溯源和不可篡改。

图 1-3 所示为区块链的基本组成。区块链由区块（Block）构成。一个区块通常由区块头（Header）以及区块体组成，区块体中包含有若干个交易（Transaction）。每个区块都会存储下一个区块的哈希值（NextHash）和上一个区块的哈希值（PrevHash），正因为每个区块都保存了相邻区块的哈希值，才能以链的形式连接起来，由图 1-3 所示的虚线表示。有些时候，在生成下一个区块时，会有两条路经（如图 1-3 中下面的区块），由于区块链具有最长链的原则，最短的区块会被抛弃，因此区块会紧接着最长的那条链继续连接。

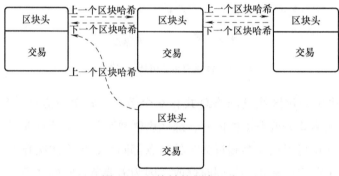

图 1-3　区块链的基本组成

通常为了提高区块链网络的吞吐量，矿工会在一个区块中打包若干个交易。图 1-4 所示为区块链的基本组成。区块头中存储着时间戳（时间戳）、版本（Version）、随机数、上一个区块哈希、下一个区块哈希及默克尔根。在区块体中，存储着交易数量、交易信息以及由这些交易的哈希组成的默克尔树。

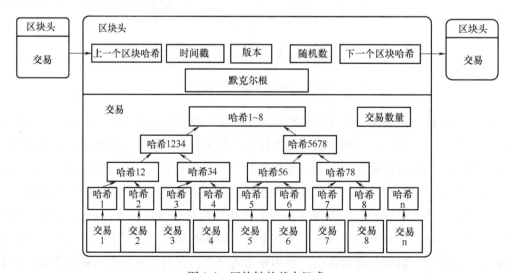

图 1-4　区块链的基本组成

区块链中常见的操作有两种：普通转账以及合约调用。这两种操作都涉及数据状态的引用以及更新。为了描述普通转账涉及的数据状态的引用以及更新，引入了未完成事务输出（Unspent Transaction Output，UTXO）。UTXO 是一种记账方式，用来描述普通转账时涉及的数据状态的变动，通常由转账来源数据（UtxoInput）以及转账去处数据（UtxoOutput）组成。

1.2　区块链的优势、挑战和展望

1.2.1　区块链的优势

与云存储、云计算等传统互联网系统相比，区块链的优势主要体现在 5 个方面。

1. 透明可信

在去中心化的系统中，所有节点均是对等节点，每一个节点都可以平等地接收或发送消息，所有消息对网络中的每一个节点均是公开的，同时，交易的结果由所有节点通过共识保持一致，因此，整个区块链系统对于所有节点都是公开、透明、平等的，系统中的信息都是可信的。区块链的这一特性与中心化的系统是不同的，中心化的系统中存在中心节点，不同节点之间存在信息不对称的问题。权利都在中心节点处，但是分配模式使用的是链上结构。这样有一个好处，就是共识问题很好解决。中心化最典型的例子就是支付宝，支付宝通过一个中心化的机构，解决了线上交易的支付确认问题。

2. 防篡改

防篡改是指一旦交易信息在全网范围内公开得到共识，并添加至区块链后，信息就很难被恶意节点篡改。对于目前联盟链使用的实用拜占庭容错（Practical Byzantine Fault Tolerance，PBFT）类共识算法，在设计时就保证了数据信息一旦被写入就无法更改。对于工作量证明类共识算法，篡改难度与花费极大。区块链里包含了自其诞生以来的所有交易，因此要篡改一笔交易就要将其后所有区块的父区块的哈希值全部篡改，运算量非常大。如果要进行数据的篡改，必须要伪造交易链，保证连续伪造多个交易，同时应使得伪造的区块在正确的区块产生之前出现。只要网络中的节点足够多，连续伪造的区块运算速度超过其他节点几乎是不可能实现的。另一种伪造区块链的方式为某一方控制全网超过 50% 的算力。因为区块链的特点为少数服从多数，因此一旦某一方控制全网超过 50% 的算力，即可篡改历史交易。但是，在区块链中，只要参与的节点足够多，控制全网超过 50% 的算力几乎是不可能做到的。即使某一方真的拥有全网超过 50% 的算力，那么这一方是获得利益最多的一方，必定会维护区块链的真实性。

3. 可追溯

可追溯是指区块链上的后面一个区块拥有前面一个区块的哈希值，就像一个挂钩一样，只有识别了前面的哈希值才能挂得上去，是一整条完整的链。可追溯性还有一个特点，就是便于数据的查询。因为这个区块是有唯一标识的，例如，之前在数据库中查询信息，是使用很多算法去分块查找的，而在区块链网络中则是以时间节点来定义的，找到所在时间段的这个区块再去寻址，这样更方便。

4. 匿名性

区块链技术解决了节点之间的信任问题，由于区块链系统中的任意节点都包含了完整的区块校验逻辑，所以数据的交换和交易都可在匿名的情况下完成。节点之间的数据交换遵循固定及预测的算法，故其数据交互过程是无须交换双方的信任来支持的，它可以基于地址而不是个人身份来完成，因此交易双方无须公开身份，这便保护了用户的隐私。

区块链大多采用非对称加密，私钥是唯一的身份标识，只要拥有私钥即可参与区块链中的交易，具体哪个节点持有私钥并不是区块链所关注的，因此在比特币系统中，一旦丢失私钥，比特币将会丢失，无法找回。区块链只记录私钥持有者在区块链上进行了哪些交易，并不会记录私钥持有者的个人信息，这对节点个人的信息起到了较好的保护作用。同时，密码学的快速发展也为用户的隐私提供了更安全、更有效的方法。

5. 系统可靠性

系统可靠性是指区块链是否具有良好的容错能力。一方面是指区块链中的每个节点均参与账本的维护，其中某一节点出现故障，整个系统仍能够保持正常的运行。因此，在比特币系统中，加入或退出某一节点，系统仍可以正常运行。另一方面，区块链中还存在其余的安全性问题，区块链系统支持拜占庭容错。传统的分布式账本虽然也具有较高的可靠性，但是通常只能解决系统内节点崩溃或者网络分区问题，而系统一旦被攻克（甚至只要一个节点被攻克），则整个系统都无法正常工作。

通常，按照系统能够处理异常的行为可以将分布式系统分为崩溃容错（Crash Fault Tolerance，CFT）系统和拜占庭容错（Byzantine Fault Tolerance，BFT）系统。崩溃容错系统是指可以处理节点发生崩溃的系统，而拜占庭容错系统则是指可以处理节点发生拜占庭错误的系统。

传统的分布式系统是典型的崩溃容错系统，不能处理拜占庭错误，而区块链系统是拜占庭容错系统，可以处理各类拜占庭错误。区块链系统的处理能力源于共识机制，工作量证明容错率为50%，实用拜占庭容错的容错率为33.3%等。因此，区块链系统的可靠性不是绝对的，只能说在满足其使用的共识机制要求下，能够保证系统的可靠性。区块链是未来数字经济变革和重构互联网的重要技术，它是历史记录不可篡改的数据库，可以作为一种信任的工具，让价值几乎零成本地传输，可以重构现有的生产关系。

区块链可以通过智能合约实现全社会资产智能化。目前在以太坊上，任何公司、组织、个人都可以非常方便地发行自己的代币。互联网发展到现在，可以让信息几乎零成本地传输。区块链将会建立一个价值传递的互联网，使得互联网信息和价值都可以几乎零成本地传输。在物流方面，通过将生产、运输、销售等环节的信息上链，可以精准地跟踪商品全部的溯源信息。当信息流、资金流、物流都可以在网上高效运转时，现代商业将会得到前所未有的颠覆。

区块链去中心化的特点可以对现有的利益关系进行重新分配，建立一种全新的企业对消费者（Business to Customer，B2C）的电子商务模式。传统的商业模式以及现在的互联网商业都由巨头垄断，生产者、消费者无法得到相应的权益。区块链可以对现有的利益关系进行重新分配，从重构生产关系的角度来看，使用区块链可以构建自治高效的公司、组织以及社会形态。

1.2.2　主要挑战

区块链技术已应用到金融、医疗、政务、商务、公益等各个领域，展现出良好的发展态势，并且已有了落地案例，为提升各行业的效率引入了新手段。然而，要想真正发挥区块链的价值，还面临着巨大的挑战。区块链技术未来发展的主要挑战在于其扩展性、跨链协议、监管、存储及分叉等方面。

1. 扩展性

在区块链领域，一直都存在着一个所谓的"不可能三角"，即在一个区块链系统中，可扩展性、无中心和安全性三者最多只能取其二。要想在一个区块链系统中完全获得这三种属性几乎是不可能的，而这三种属性又恰恰是一个理想的区块链系统所应具备的。因此，任何一个区块链系统的架构策略都会包含这三者的折中与权衡。目前区块链的交易吞吐量较低，比特币每10min打包一个区块，而以太坊每秒只能处理大概15笔交易。这个数据和淘宝网每秒百万以上的交易吞吐量相比，完全是小巫见大巫。在确保可信的前提下，克服可扩展性问题的挑战对于区块链技术研究而言，还有一段较长的路要走。

2. 跨链协议

区块链技术的发展很有可能在应用生态上衍生出"一个行业一条链，多链共存"的情形。保证不同链之间的信息高效、可信流转和互通，是打通多个区块链及上层应用的关键问题。目前来看，许多组织和机构都在小规模范围内尝试使用区块链，导致区块链技术和平台多样化。在全球最大开源代码托管平台 GitHub 上，有超过6500个活跃区块链项目，这些项目使用不同的平台、开发语言、协议、共识机制和隐私保护方案。那么，要实现区块链的可信，就必然要将这些异构的区块链架接起来，这就导致了区块链面临的另一个重大挑战——互操作性问题。在互联网时代，人们已经饱受"信息孤岛、异构数据融合与异构协议互操作"之苦，与之相比，不同区块链的跨链挑战将有过之而无不及。

3. 监管

区块链最早、最成功的应用是比特币，而比特币的诞生从某种意义上而言是带有"原罪"的。不可否认，比特币被广泛地应用在"暗网"中，被作为洗钱和非法交易的途径，也被作为资助恐怖分子和反叛者的工具。基于区块链的首次代币发行（Initial Coin Offering，ICO）被人恶意利用，成为金融欺诈的一个手段。从这个视角而言，在保持区块链"自治"优势的前提下，融入现实世界的监管体系是区块链取得广泛应用的必经之路。

4. 存储

区块链技术的基本设计原则是账本数据无法删除，这使得账本数据不断膨胀。同时，由于区块链的安全可信相当程度上是建立在众多网络节点对账本的冗余备份之上，这愈发加重了数据存储方面的挑战，如何有效进行区块链数据分布式的存储和管理成为重要的技术问题。

5. 分叉

区块链网络的扩张，显然比互联网具有更高的风险。如何构建可持续的共识机制，即避免分叉，也是一个具有挑战性的问题。区块链网络扩张，会伴随着共识分裂形成分叉。如何满足越来越多的人构建可持续的共识机制，是一个巨大的挑战。共识机制实际上决定了区块链网络的边界。

1.2.3　前景展望

未来区块链技术研究的趋势之一是如何进一步强化区块链技术的开发支持，包括设计新的编程语言、开发已有语言的区块链软件开发工具包（Software Development Kit，SDK）等，从而在软件开发的生命周期中降低区块链开发的复杂度，提高开发效率，未来，新的安全智能合约语言将会是一大研究重点。

区块链性能优化在未来发展中仍将成为关键的技术研究点。具体而言，区块链未来可能的性能提升点包括高性能区块链架构设计、应用导向的高效共识协议及优化、可并行的交易处理引擎、网络通信加速技术等。人们认为，针对当前区块链数据膨胀难以管理、查询能力较弱的问题，未来的相关研究方向将重点面向分布式存储技术。

区块链应用与数字资产具有强相关性，这意味着监管、合规必将成为区块链技术的核心要点。如何在区块链中加入对反洗钱、反恐怖主义融资等的通用监管需求，如何构建标准化的数据合规协议，保障区块链技术在主流场景中得以应用，将成为重中之重。

随着5G通信技术商业落地，区块链与新一代无线移动网络的融合成为当今新的研究热门，如何将区块链技术与5G以及物联网完美融合是未来相当长的一段时间内需要探讨的问题。

1.3　区块链的关键技术

1.3.1　区块链的技术架构

从最早应用区块链技术的比特币到最先在区块链引入智能合约的以太坊（Ethereum），再到应用最广的联盟链超级账本架构（Hyperledger Fabric），尽管它们在具体实现上各有不同，但在整体体系架构上存在着诸多共性。如图1-5所示，区块链平台整体上可划分为网络层、共识层、数据层、智能合约层和应用层五个层次，各层又包含多个模块。

	比特币	以太坊	超级账本
应用层	比特币交易	Dapp/以太币交易	企业级区块链应用
智能合约层 — 编程语言	Script	Solidity/Serpent	Go/Java
智能合约层 — 沙盒环境		EVM	Docker
数据层 — 数据结构	默克尔树/区块链表	默克尔Patricia树/区块链表	默克尔Bucket树/区块链表
数据层 — 数据模型	基于交易的模型	基于账户的模型	基于账户的模型
数据层 — 区块存储	文件存储	LevelDB	文件存储
共识层	PoW	PoW/PoS	PBFT/SBFT
网络层	TCP-based P2P	TCP-based P2P	HTTP/2-based P2P

图 1-5　区块链技术架构

1. 网络层

2001 年，Gribble[1]等人提出将 P2P 技术与数据库系统进行联合研究。早期的 P2P 数据库没有预定的全局模式，不能适应网络变化来查询到完整的结果集[2]，因而不适合企业级应用。基于 P2P 的区块链则可实现数字资产交易类的金融应用，区块链网络中没有中心节点，任意两个节点间都可直接进行交易，节点在任何时刻都可自由加入或退出网络，因此，区块链平台通常选择完全分布式且可容忍单点故障的 P2P 协议作为网络传输协议。区块链网络节点具有平等、自治、分布等特性，所有节点都以扁平拓扑结构相互联通，不存在任何中心化的权威节点和层级结构。每个节点均拥有路由发现、广播交易、广播区块、发现新节点等功能。

区块链网络的 P2P 协议主要用于节点间传输交易数据和区块数据，比特币和以太坊的 P2P 协议基于传输控制协议（Transmission Control Protocol，TCP）实现，超级账本架构的 P2P 协议则基于超文本传输协议（Hyper Text Transfer Protocol/2，HTTP/2）实现。在区块链网络中，节点时刻监听网络中广播的数据，当接收到邻居节点发来的新交易和新区块时，其首先会验证这些交易和区块是否有效，包括交易中的数字签名、区块中的工作量证明等，只有验证通过的交易和区块才会被处理（新交易被加入正在构建的区块，新区块被链接到区块链）和转发，以防止无效数据的继续传播。

2. 共识层

分布式数据库主要使用 Paxos[3]和 Raft[4]算法解决分布式一致性问题，这些数据库都由单一机构管理维护，所有节点都是可信的，算法只需支持崩溃容错。去中心化的区块链由多方共同管理维护，其网络节点可由任何一方提供，部分节点可能并不可信，因而需要支持更为复杂的拜占庭容错。假设在总共 n 个节点的网络中至多包含 f 个不可信节点，对于同步通信且可靠的网络而言，拜占庭将军问题能够在 $n \geq 3f+1$ 的条件下被解决[5]。而如果是异步通信，Fischer、Lynch 和 Paterson 等人[6]证明了确定性的共识机制无法容忍任何节点失效。Castro 和 Liskov[7]提出了实用拜占庭容错算法，将拜占庭协议的复杂度从指数级降低到多项式级别，使拜占庭协议在分布式系统中应用成为可能。为了提升实用拜占庭容错算法的性能，Kotla 等人[8]提出了 Zyzzyva 算法，认为网络节点在绝大部分时间都处于正常状态，无须每个请求都达成一致后再执行，而只需发生错误之后再达成一致。Kwon 等人[9]提出了 Tendermint 算法，在按节点计票的基础上，对每张投票分配了不同的权重，重要节点的投票可分配较高的权重，若投票权重超过 2/3 则认为可达成共识。仅通过少数重要节点达成共识会显著减少网络中广播的消息数；在基于数字货币的应用中，权重也可对应为用户的持币量，从而实现类似权益证明的共识机制。Liu 等人[10]提出了交叉容错（Cross Fault Tolerance，XFT）算法，其认为恶意者很难同时控制整个网络和拜占庭节点，从而简化了拜占庭容错消息模式，可在 $n \geqslant 2f+1$ 条件下解决拜占庭将军问题。此外，业界还提出了 Scalable BFT[11]、Parallel BFT[12]、Optimistic BFT[13]等拜占庭容错改进算法。Ripple 支付网络开发者提出了基于一组可信认证节点的 Ripple 协议共识算法（Ripple Protocol Consensus Algorithm，RPCA），能够在 $n \geqslant 5f+1$ 条件下解决拜占庭将军问题[14]。

为了解决节点自由进出可能带来的女巫攻击（Sybil Attack）[15]问题，比特币应用了工作量证明机制。工作量证明源自 Dwork 等人[16]对防范垃圾邮件的研究工作，即只有完成了一定的计算工作并提供了证明的邮件才会被接收。比特币要求只有完成一定的计算工作量并提供证明的节点才可生成区块，网络节点利用自身的计算资源进行哈希运算以竞争区块记账权，只要全网可信节点所控制的计算资源高于 51%，即可证明整个网络是安全的[17]。为了避免高度依赖节点算力所带来的电能消耗，研究者提出了一些不依赖算力就能够达成共识的机制。点点币（Peercoin）应用了区块生成难度与节点所占股权成反比的权益证明（Proof of Stake，PoS）机制[18]；比特股（Bitshares）应用了获得股东投票数最多的几位代表按既定时间段轮流产生区块的股份授权证明（Delegated Proof of Stake，DPoS）机制[19]；Hyperledger Sawtooth 应用了基于 Intel SGX 可信硬件的逝去时间证明（Proof of Elapsed Time，PoET）机制。

基于证明机制的共识通常适用于节点自由进出的公有链，比特币与以太坊使用工作量证明机制。基于投票机制的共识则通常适用于节点授权加入的联盟链，超级账本架构使用实用拜占庭容错算法。

3. 数据层

比特币、以太坊和超级账本在区块链数据结构、数据模型和数据存储方面各有特色。在数据结构的设计上，现有区块链平台借鉴了 Haber 与 Stornetta[20]的研究工作，他们设计了基于文档时间戳的数字公证服务以证明各类电子文档的创建时间。时间戳服务器对新建文档、当前时间及指向之前文档签名的哈希指针进行签名，后续文档又对当前文档签名进行签名，如此形成了一个基于时间戳的证书链，该链反映了文件创建的先后顺序，且链中的时间戳无法篡改。Haber 与 Stornetta 还提出将多个文档组成块并针对块进行签名、用默克尔树[21]组织块内文档等方案。基于块内交易数据哈希生成的默克尔树实现了块内交易数据的不可篡改性与简单支付验证；基于前一区块内容生成的前块哈希将孤立的区块链接在一起，形成了区块链；时间戳表明了该区块的生成时间。比特币的区块头还包含难度目标、随机数等数据，以支持工作量证明共识机制中的挖矿运算。

在数据模型的设计上，比特币采用了基于交易的数据模型，每笔交易都由表明交易来源的输入和表明交易去向的输出组成，所有交易都通过输入与输出链接在一起，使得每一笔交易都可追溯；以太坊与超级账本需要支持功能丰富的通用应用，因此采用了基于账户的模型，可基于账户快速查询到当前余额或状态[22]。

在数据存储的设计上，因为区块链数据类似于传统数据库的预写式日志，因此通常按日志文件格式存储；由于系统需要大量基于哈希的键值检索（如基于交易哈希检索交易数据，基于区块哈希检索区块数据），因此索引数据和状态数据通常存储在 Key-Value 数据库，例如，比特币、以太坊与超级账本都以 LevelDB 数据库存储索引数据。

4. 智能合约层

智能合约是一种用算法和程序来编制合同条款、部署在区块链上且可按照规则自动执行的数字化协议。此概念起初被定义为以数字形式定义的承诺，包括合约参与方执行这些承诺所需的协议，其初衷是将智能合约内置到物理实体以创造各种灵活可控的智能资产。由于早期计算条件的限制和应用场景的缺失，智能合约并未受到研究者的广泛关注，直到区块链技术出现之后，智能合约才被重新定义。区块链实现了去中心化的存储，智能合约在其基础上则实现了去中心化的计算。

比特币脚本是嵌在比特币交易上的一组指令，由于指令类型单一、实现功能有限，其只能算作智能合约的雏形。以太坊提供了图灵完备⊖的脚本语言 Solidity、Serpent 与沙盒环境（Ethereum Virtual Machine，EVM），以供用户编写和运行智能合约。超级账本架构的智能合约被称为 Chaincode，其选用 Docker 容器作为沙盒环境，Docker 容器中带有一组经过签名的基础磁盘映像及 Go 与 Java 语言的运行所需的软件开发工具包，以运行 Go 与 Java 语言编写的 Chaincode。

5. 应用层

比特币平台上的应用主要是基于比特币的数字货币交易。以太坊除了基于以太币的数字货币交易外，还支持去中心化应用（Decentralized Application，DApp），去中心化应用是由 JavaScript 构建的 Web 前端应用，通过 JSON-RPC 与运行在以太坊节点上的智能合约进行通信。超级账本架构主要面向企业级的区块链应用，并没有提供数字货币，这些应用可基于 Go、Java、Python、Node. js 等语言的软件开发工具包构建，并通过 gPRC 或 Rest 与运行在超级账本架构节点上的智能合约进行通信。

⊖　图灵完备是针对一套数据操作规则而言的概念。数据操作规则可以是一门编程语言，也可以是计算机里具体实现了的指令集。当这套规则可以实现图灵机模型里的全部功能时，就称它是图灵完备的。

1.3.2 分布式系统的核心问题

随着摩尔定律遇到瓶颈，越来越多的情况需要依靠分布式架构，才能实现海量数据处理和可扩展计算。区块链系统首先是一个分布式系统。传统单节点结构演变到分布式系统，碰到的首要问题就是一致性的保障。很显然，如果分布式集群无法保证处理结果一致，那么任何建立于其上的业务系统都无法正常工作。

本小节将介绍分布式系统领域的核心问题，包括一致性问题、共识相关内容、基本的原理和算法，还介绍了评估分布式系统可靠性的指标。

1. 一致性问题

一致性问题是分布式领域最为基础也是最重要的问题。如果分布式系统能实现"一致"，对外就可以呈现出一个完美的、可扩展的"虚拟节点"。虚拟节点相对物理节点具备更好的优越性和稳定性。这也是分布式系统希望能实现的最终目标。

（1）定义与重要性

一致性是指对于分布式系统中的多个服务节点，给定一系列操作，在约定协议的保障下，试图使它们对处理结果达成"某种程度"的认同。

理想情况下，如果各个服务节点都严格遵循相同的处理协议，构成相同的处理状态机，给定相同的初始状态和输入序列，则可以保障处理过程中的每个环节的结果都是相同的。

那么，为什么说一致性问题十分重要呢？举个现实生活中的例子，多个售票处同时出售某线路上的火车票，该线路上存在多个经停站，怎么才能保证在任意区间都不会出现超售（同一个座位卖给两个人）的情况呢？这个问题看起来似乎没那么难，现实生活中经常使用分段分站售票的机制。然而，为了支持海量的用户和避免出现错误，存在很多设计和实现上的挑战。特别在计算机的世界里，为了达到远超普通世界的高性能和高可扩展性需求，问题会变得更为复杂。

注意：一致性并不代表结果正确与否，而是系统对外呈现的状态一致与否，例如，所有节点都达成失败状态也是一种一致。

（2）问题

看似强大的计算机系统，实际上很多地方都比人类世界要脆弱得多，特别是在分布式计算机集群系统中，以下几个方面很容易出现问题：

1）节点之间的网络通信是不可靠的，包括消息延迟、乱序和内容错误等。

2）节点的处理时间无法保障，结果可能出现错误，甚至节点自身可能发生宕机。

3）同步调用可以简化设计，但会严重降低分布式系统的可扩展性，甚至使其退化为单点系统。

仍以火车票售卖问题为例，有些读者可能已经想到了一些不错的解决方法，例如在出售任意一张票前打电话给其他售票处，确认当前这张票是否卖出，即通过同步调用来避免冲突。多个售票处提前约好售票时间。例如第一家可以在上午 8~9 点卖票，接下来一个小时是另外一家，即通过令牌机制来避免冲突。成立一个第三方的存票机构，票集中存放，每次卖票前找存票机构查询，此时，问题退化为中心化单点系统。

当然，还有更多方案。实际上，这些方案背后的思想都是将可能引发不一致的并行操作进行串行化。这实际上也是现代分布式系统处理一致性问题的基础思路。只是因为现在的计算机系统应对故障往往不够"智能"，而人们又希望系统可以更快、更稳定地工作，所以实际可行的方案需要更加全面和更加高效。

（3）一致性

规范地说，分布式系统达成一致的过程应该满足 3 点：

1）可终止性（Termination），表示一致的结果必须在有限的时间内能完成。可终止性很容易理解。要在有限时间内完成，意味着可以保障提供服务。这是计算机系统可以被正常使用的前提。需要注意，在现实生活中，这点并不是总能得到保障的。例如，有时取款机会出现"服务中断"；拨打电话时出现"无法连接"。

2）约同性（Agreement），表示不同节点最终完成决策的结果是相同的。约同性看似容易，实际上暗含了一些潜在信息。决策的结果相同，意味着算法要么不给出结果，要么给出的结果达成了共识，即安全性。挑战在于算法必须考虑可能会处理任意的情形。一旦推广到任意情形，就不像看起来那么简单。例如现在就剩一张某区间（如北京→南京）的车票了，两个售票处也分别刚通过某种方式确认过这张票的存在。这时，两家售票处几乎同时分别来了一个乘客要买这张票，从各自的"观察"来看，自己一方的乘客都是先到的。这种情况下怎么能达成对结果的共识呢？看起来很容易，卖给物理时间上率先提交请求的乘客即可。然而，对于两个来自不同位置的请求来说，要判断时间上的"先后"关系并不是那么容易。例如，两个车站的时钟可能是不一致的，可能无法记录足够精确的时间，更何况根据相对论的观点，并不存在绝对的时空观。

可见，事件发生的先后顺序十分重要，这也是解决分布式系统领域很多问题的核心秘诀：把多件事情进行排序，而且这个顺序还得是大家都认可的。

3）合法性（Validity），表示决策的结果必须是某个节点提出的提案。合法性比较容易理解，即达成的结果必须是节点执行操作的结果。仍以卖票为例，如果两个售票处分别决定某张票出售给张三和李四，那么最终达成一致的结果为"要么是张三，要么是李四"，而绝对不能是其他人。

（4）带约束的一致性

从前面的分析可以看到，要实现绝对理想的严格一致性（Strict Consistency），代价很大。除非系统不发生任何故障，而且所有节点之间的通信无需任何时间，这个时候，整个系统其实就等价于一台机器了。实际上，越强的一致性要求往往会造成越弱的处理性能，以及越差的可扩展性。

一般来讲，强一致性主要包括下面两类：

1）顺序一致性（Sequential Consistency），由 Leslie Lamport 在 1979 年的经典论文 *How to Make a Multiprocessor Computer That Correctly Executes Multiprocess Programs* 中提出，这是一种比较强的约束，用于保证所有进程看到的全局执行顺序（Total Order）一致，并且每个进程自身的执行顺序（Local Order）跟实际发生顺序一致。例如，某进程先执行 A，后执行 B，则实际得到的全局结果中就应该为 A 在 B 前面，而不能反过来。同时所有其他进程在全局上也应该看到这个顺序。顺序一致性实际上限制了各进程内指令的偏序关系，但不在进程间按照物理时间进行全局排序。

2）线性一致性（Linearizability Consistency），由 Maurice P. Herlihy 与 Jeannette M. Wing 在 1990 年的经典论文 *Linearizability：A Correctness Condition for Concurrent Objects* 中共同提出，在顺序一致性的前提下加强了进程间的操作排序，形成唯一的全局顺序（系统等价于是顺序执行的，所有进程看到的所有操作的序列顺序都一致，并且跟实际发生顺序一致），是很强的原子性保证。但是线性一致性比较难实现，目前基本上要么依赖全局的时钟或锁，要么通过一些复杂算法实现，性能往往不高。

实现强一致性往往需要准确的计时设备。高精度石英钟的偏移率为 10^{-7}，最准确的原子振荡时钟的偏移率为 10^{-13}。Google 曾在其分布式数据库 Spanner 中采用基于原子时钟和全球定位系统（Global Position System，GPS）的 TrueTime 方案，能够将不同数据中心的时间偏差控制在 10ms 以内。方案简单粗暴并且有效，但存在成本较高的问题。

由于强一致性的系统往往比较难实现，而且很多时候实际需求并不需要那么严格的强一致性，因此可以适当地放宽对一致性的要求，从而降低系统实现的难度。例如在一定约束下实现所谓的最终一致性（Eventual Consistency），即总会存在一个时刻（而不是立刻）能让系统达到一致的状态。大部分 Web 系统实现的都是最终一致性，即相对强一致性，这种在某些方面弱化的一致性笼统称为弱一致性（Weak Consistency）。

2. 共识

共识在很多时候会与一致性术语放在一起讨论。严谨地讲，两者的含义并不完全相同。

一致性往往指分布式系统中多个副本对外呈现的数据状态。如前面提到的顺序一致性、线性一致性，描述了多个节点对数据状态的维护能力。而共识则描述了分布式系统中多个节点对某个状态达成一致结果的过程。因此，一致性描述的是结果状态，共识则是一种手段。达成某种共识并不意味着保障了一致性。实践中，要保障系统满足不同程度的一致性，其核心过程往往需要通过共识算法来达成。

共识算法解决的是人们对某个提案达成一致意见的过程。提案的含义在分布式系统中十分宽泛，如多个事件发生的顺序、某个键对应的值、谁是领导等。可以认为任何可以达成一致的信息都是一个提案。对于分布式系统来讲，各个节点通常都是相同的确定性状态机模型（又称状态机复制问题，State-Machine Replication），从相同的初始状态开始接收相同顺序的指令，从而保证相同的结果状态。因此，最关键的是系统中的多个节点对多个事件的顺序达成共识，即排序。

（1）存在的问题

实际上，如果分布式系统中的各个单节点都能保证以十分理想的性能（瞬间响应、超高吞吐）无故障地运行，节点之间的通信瞬时送达，则实现共识过程并不十分复杂，简单地通过广播进行瞬时投票和应答即可。

可惜的是，现实中这样的理想系统并不存在，不同节点之间的通信存在延迟（光速物理限制，通信处理延迟），并且任意环节都可能存在故障（系统规模越大，发生故障的可能性就越大），如通信网络发生中断，节点发生故障，恶意节点故意伪造消息，从而破坏系统的正常工作流程。

一般的，将出现故障但不会伪造信息的情况称为非拜占庭错误（Non-Byzantine Fault，NBF）或故障错误（Crash Fault，CF）；将伪造信息恶意响应的情况称为拜占庭错误（Byzantine Fault，BF），对应节点为拜占庭节点。

（2）常见算法

根据解决的是 NBF 还是 BF，共识算法可以分为崩溃容错类和拜占庭容错类。

针对常见的非拜占庭错误的情况，已经存在一些经典的解决算法，包括 Paxos、Raft 及其变种等。这类容错算法往往性能比较好，处理较快，能容忍不超过一半的故障节点。

对于要能容忍拜占庭错误的情况，一般包括以实用拜占庭容错算法为代表的确定性算法、以工作量证明为代表的概率类算法等。对于确定性算法，一旦达成对某个结果的共识就不可逆转，即共识是最终结果；而对于概率类算法，共识结果是临时的，随着时间推移或某种强化，共识结果被推翻的概率越来越小，从而成为事实上的最终结果。拜占庭类容错算法往往性能较差，能容忍不超过 1/3 的故障节点。

此外，对于交叉容错等改进算法，可以提供类似崩溃容错的处理响应速度，并能在大多数节点正常工作时提供拜占庭容错保障。

注意：实践中，一致性的结果往往还需要客户端的额外支持，典型情况如通过访问多个服务节点来比对验证，确保获取共识后的正确结果。

（3）理论界限

数学家都喜欢对问题先确定一个最坏的理论界限。那么，共识问题的最坏界限是什么呢？很不幸，在推广到任意情形时，分布式系统的共识问题无通用解。这似乎很容易理解，在多个节点之间的通信网络自身不可靠的情况下，很显然，无法确保实现共识（例如，所有涉及共识的消息都在网络上丢失）。那么，对于一个设计得当、可以大概率保证消息正确送达的网络，是不是就一定能保证达成共识呢？

科学家证明，即便在网络通信可靠情况下，对于可扩展的分布式系统的共识问题，其通用解法的理论下限是没有下限（即无解）。这个结论称为"FLP 不可能原理[⊖]"。该原理极

⊖　Fischer、Lynch 和 Patterson（FLP）3 位科学家于 1985 年发表的论文 *Impossibility of Distributed Consensus with One Faulty Process* 中提出并证明，该论文后来获得了 Dijastra 奖。

其重要，可以看作分布式领域里的"测不准原理"。

3. FLP 不可能原理

（1）定义

FLP 不可能原理即在网络可靠但允许节点失效（即便只有一个）的最小化异步模型系统中，不存在可以解决一致性问题的确定性共识算法。这个原理实际上告诉人们，不要浪费时间去为异步分布式系统设计在任意场景下都能实现共识的算法。

（2）正确理解

要正确理解 FLP 不可能原理，首先要弄清楚"异步"的含义。在分布式系统中，同步和异步这两个术语存在特殊的含义。

同步是指系统中各个节点的时钟误差存在上限，并且消息传递必须在一定时间内完成，否则认为失败，同时各个节点完成处理消息的时间是一定的。对于同步系统，可以很容易地判断消息是否丢失。

异步是指系统中的各个节点可能存在较大的时钟差异，同时消息传输时间是任意长的，各节点对消息进行处理的时间也可能是任意长的，这就导致无法判断某个消息迟迟没有被响应是哪里出了问题（节点故障还是传输故障）。不幸的是，现实生活中的系统往往都是异步系统。

FLP 不可能原理在原始论文中以图论的形式进行了严格证明。要理解这一基本原理并不复杂，一个不严谨的例子如下。

3 个人在不同房间进行投票（投票结果是 0 或者 1）。彼此可以通过电话进行沟通，但经常有人会睡着。例如某个时候，A 投票 0，B 投票 1，C 收到了两人的投票，然后 C 睡着了。此时，A 和 B 将永远无法在有限时间内获知最终的结果，即究竟是 C 没有应答还是应答的时间过长。如果可以重新投票，则类似情形可以在每次取得结果前发生，这将导致共识过程永远无法完成。

FLP 不可能原理说明对于允许节点失效的情况下，纯粹异步系统无法确保一致性在有限时间内完成。即便在非拜占庭错误的前提下，包括 Paxos、Raft 等算法，也都存在无法达成共识的情况，只是在工程实践中这种情况出现的概率很小。

那么，FLP 不可能原理是否意味着研究共识算法根本没有意义？学术界做研究，往往考虑的是数学和物理意义上最极端的情形，很多时候现实生活要美好得多。例如上面例子中描述的最坏情形，每次都发生的概率其实并没有那么大。工程实现上多尝试几次，很大可能就成功了。

4. CAP 原理

（1）定义

CAP 原理指出分布式计算系统不可能同时确保一致性（Consistency）、可用性（Availability）和分区容错性（Partition tolerance），设计中往往需要弱化对某个特性的保证。

这里，一致性、可用性和分区容错性的含义如下：

1）一致性是指任何操作都应该是原子的，发生在后面的事件能看到前面事件发生导致的结果，注意这里指的是强一致性。

2）可用是指在有限时间内，任何非失败节点都能应答请求。

3）分区容错性是指网络可能发生分区，即节点之间的通信不可保障。

比较直观地理解是，当网络可能出现分区时，系统是无法同时保证一致性和可用性的，要么节点收到请求后因为没有得到其他节点的确认而不应答（牺牲可用性），要么节点只能应答非一致的结果（牺牲一致性）。

由于大多数时候网络被认为是可靠的，因此系统可以提供一致可靠的服务；当网络不可靠时，系统要么"牺牲"一致性（多数场景下），要么"牺牲"可用性。

网络分区是可能存在的，出现分区情况很可能会导致发生"脑裂"，多个新出现的主节点可能会尝试关闭其他主节点。

（2）应用场景

既然 CAP 的 3 种特性不可同时得到保障，则设计系统时必然要弱化对某个特性的支持，那么可能出现下面 3 个应用场景。

1）弱化一致性。指对结果一致性不敏感的应用，可以允许新版本上线后过一段时间才最终更新成功，期间不保证一致性。例如网站静态页面内容、实时性较弱的查询类数据库、简单分布式同步协议等，都是以此设计的。

2）弱化可用性。指对结果一致性很敏感的应用，例如银行取款机，当系统故障时会拒绝服务。Paxos、Raft 等共识算法主要处理这种情况。在 Paxos 类算法中，可能存在着无法提供可用结果的情形，同时允许少数节点离线。

3）弱化分区容错性。现实中，网络分区出现的概率较小，但较难完全避免。两阶段的提交算法、某些关系型数据库及 ZooKeeper 主要考虑了这种设计。实践中，网络可以通过双通道等机制增强可靠性，达到高稳定的网络通信。

5. ACID 原则

ACID 原则是指原子性（Atomicity）、一致性（Consistency）、隔离性（Isolation）和持久性（Durability）。

ACID 也是一种比较有名的描述一致性的原则，通常出现在分布式数据库领域。具体来说，ACID 原则描述了分布式数据库需要满足的一致性需求，同时允许付出可用性的代价。

原子性指每次操作都是原子级的，不可再拆分，要么成功，要么不执行；一致性指数据库的状态是一致的，无中间状态；隔离性指各种操作之间互相不影响；持久性指状态的改变是持久的，不会失效。

与 ACID 相对的一个原则是 BASE[⊖]原则，"牺牲"对一致性的约束（但实现最终一致

⊖　BASE 是 Basically Available（基本可用）、Soft State（软状态）和 Eventually Consistent（最终一致性）3 个单词的缩写。BASE 是对 CAP 中一致性和可用性权衡的结果，其来源于大规模互联网系统分布式实践的结论，是基于 CAP 定理逐步演化而来的。

性）来换取一定的可用性。

6. Paxos 算法与 Raft 算法

Paxos 问题是指分布式的系统中存在故障，但不存在恶意节点场景（即消息可能丢失或重复，但无错误消息）下的共识达成问题。这也是分布式共识领域最为常见的问题。解决 Paxos 问题的算法主要有 Paxos 算法和 Raft 算法。

（1）Paxos 算法

1990 年由 Leslie Lamport 在论文 *The Part-time Parliament* 中提出的 Paxos 算法，在工程角度实现了一种最大化保障分布式系统一致性（存在极小的概率无法实现一致性）的机制。Paxos 算法被广泛应用在 Chubby、ZooKeeper 这样的分布式系统中。Leslie Lamport 作为分布式系统领域的早期研究者，因为相关成果获得了 2013 年度图灵奖。

故事背景是古希腊 Paxos 岛上的多个法官在一个大厅内对一个议案进行表决，如何达成统一的结果。他们之间通过服务人员来传递纸条，但法官可能离开或进入大厅，服务人员可能偷懒去睡觉。

Paxos 是第一个广泛应用的共识算法，其原理基于"两阶段提交"算法并进行泛化和扩展，通过消息传递来逐步消除系统中的不确定状态，是后来不少共识算法设计的基础。Paxos 算法的基本思想并不复杂，但最初的论文描述得比较难懂，2001 年 Leslie Lamport 还专门写了论文 *Paxos Made Simple* 予以解释。

算法的基本原理是将节点分为 3 种逻辑角色，在实现上同一个节点可以担任多个角色：

1）提案者（Proposer）提出一个提案，等待大家批准为结案。系统中的提案拥有自增的唯一提案号。一般由客户端担任该角色。

2）接受者（Acceptor）负责对提案进行投票，接受提案。一般由服务端担任该角色。

3）学习者（Learner）获取批准结果，并可以帮忙传播，不参与投票过程。一般可能为客户端或服务端。

算法需要满足 Safety（安全性）和 Liveness（活跃性）两方面的约束要求。实际上这两个基础属性也是大部分分布式算法都该考虑的。

安全性约束保证决议结果（Value）是对的、无歧义的，不会出现错误情况；只有被 Proposer 提出的提案才可能被最终批准；在一次执行中，只批准（Chosen）一个最终决议。被多数接受（Accept）的结果成为决议。

活跃性约束保证决议过程能在有限时间内完成，决议总会产生，并且学习者能获得被批准的决议，基本过程是多个提案者先争取到提案的权利（得到大多数接受者的支持），得到提案权利的提案者发送提案给所有人进行确认，得到大部分人确认的提案成为批准的结果。

Paxos 不保证系统随时处在一致的状态。但由于每次达成一致的过程中至少有超过一半的节点参与，因此最终整个系统都会获知共识的结果。一个潜在的问题是若 Proposer 在此过程中出现故障，则可以通过超时机制来解决。在极为巧合的情况下，每次新一轮提案的 Proposer 都恰好出现故障，又或者两个 Proposer 恰好依次提出更新的提案，则导致活锁，系统永远无法达成一致（实际发生概率很小）。

Paxos 能保证在超过一半的节点正常工作时系统以较大概率达成共识。读者可以试着自己设计一套非拜占庭容错下基于消息传递的异步共识方案，会发现在满足各种约束的情况下，算法过程会十分类似于 Paxos 的过程。

下面由简单情况逐步推广到一般情况来探讨算法过程。

1）单个提案者与多个接受者的情况。如果系统中限定只有某个特定节点是提案者，那么共识结果很容易达成（只有一个方案，要么达成，要么失败）。提案者只要收到了来自多数接受者的投票，即可认为通过，因为系统中不存在其他的提案。但此时一旦提案者故障，系统就无法工作。

2）多个提案者与单个接受者的情况。如果系统中限定只有某个节点作为接受者，这种情况下，共识很容易达成，接受者收到多个提案，选第一个提案作为决议，发送给其他提案者即可。此情况下容易发生单点故障，包括接受者故障或首个提案者节点故障。

以上两种情形其实类似于主从模式，虽然不那么可靠，但因为原理简单而被广泛采用。当将提案者和接受者都推广到多个的情形，就会出现一些挑战。

3）多个提案者与多个接受者的情况。既然限定单个提案者或单个接受者都会出现故障，那么就得允许出现多个提案者和多个接受者。

一种情况是同一时间段（如一个提案周期）内只有一个提案者，这时可以退化到单个提案者的情形，需要设计一种机制来保障提案者的正确产生，例如按照时间、序列保障。考虑到分布式系统要处理的工作量很大，这个过程要尽量高效，因此满足这一条件的机制非常难设计。

另一种情况是允许同一时间段内可以出现多个提案者。此时同一个节点可能收到多份提案，怎么对它们进行区分呢？这个时候采用只接受第一个提案而拒绝后续提案的方法也不适用。很自然地，提案需要带上不同的序号。节点需要根据提案序号来判断接受哪个。例如接受其中序号较大（往往意味着接受新提案，因为旧提案者的故障概率更大）的提案。

那么如何为提案分配序号呢？一种可能的方案是每个节点的提案数字区间彼此隔离，互相不冲突。为了满足递增的需求，可以用时间戳作为前缀字段。

同时允许多个提案，一方面，这意味着很可能单个提案者无法集合足够多的投票，另一方面，提案者即便收到了多数接受者的投票，也不确定一定通过。因为在此过程中投票者无法获知其他投票人的结果，也无法确认提案者是否收到了自己的投票，因此需要实现两个阶段的提交过程。

两阶段的提交是指提案者发出提案申请之后，会收到来自接受者的反馈。一种结果是提案被大多数接受者接受了，另一种结果是没被接受。如果没被接受，那么可以过会重试。即便收到来自大多数接受者的答复，也不能认为就最终确认了。因为这些接受者并不知道自己刚答复的提案是否可以构成大多数的一致意见。很自然需要引入新的一个阶段，即提案者在第一阶段得到所有的反馈后，需要再次判断这个提案是否得到大多数的支持，如果支持则需要对其进行最终确认。

Paxos 中将这两个阶段分别命名为准备（Prepare）阶段和提交（Commit）阶段。准备阶段通过锁来解决对哪个提案内容进行确认的问题，提交阶段解决大多数确认最终值的问题。

准备阶段即提案者发送自己计划提交的提案编号到多个接受者，试探是否可以锁定多数接受者的支持；接受者时刻保留收到提案的最大编号和所接受编号的最大提案。如果收到的提案号比目前保留的最大提案号还大，则返回自己已接受的提案号（如果还未接受过任何提案，则为空）给提案者，更新当前最大提案号，并说明不再接受小于最大提案号的提案。

提交阶段即提案者如果收到大多数的回复（表示大部分人听到它的请求），则可准备发出带有刚才提案号的接受消息。如果收到的回复中不具有新的提案，则说明锁定成功，此时使用自己的提案内容；如果返回中有提案内容，则替换提案号为返回中编号最大的提案号。如果没收到足够多的回复，则需要再次发出请求；接受者收到"接受消息"后，如果发现提案号不小于已接受的最大提案号，则接受该提案，并更新接受的最大提案。一旦多数接受者接受了共同的提案值，则形成决议，成为最终确认。

（2）Raft 算法

Raft 算法由斯坦福大学的 Diego Ongaro 和 John Ousterhout 于 2014 年在论文 *In Search of an Understandable Consensus Algorithm* 中提出。Raft 算法面向对多个决策达成一致的问题，分解了 Leader 选举、日志复制和安全方面的问题，并通过约束减少了不确定性的状态空间。

Paxos 算法的设计并没有考虑一些优化机制，同时论文中也没有给出太多的实现细节，因此后来出现了不少性能更优的算法和实现，包括 Fast Paxos、Multi-Paxos 等。最近出现的 Raft 算法，算是对 Multi-Paxos 的重新简化设计和实现，相对也更容易理解。

Raft 算法包括 3 种角色：领导者（Leader）、候选领导者（Candidate）和跟随者（Follower）。决策前通过选举一个全局的 Leader 来简化后续的决策过程。Leader 角色十分关键，决定日志（Log）的提交。日志只能由 Leader 向 Follower 单向复制。

典型的过程包括以下两个主要阶段：

1）Leader 选举阶段。开始时所有节点都是 Follower，在随机超时发生后未收到来自 Leader 或 Candidate 的消息，则转变角色为 Candidate，提出选举请求。最近选举阶段（Term）中得票超过一半者被选为 Leader；如果未选出，随机超时后进入新阶段重试。Leader 负责从客户端接收 Log，并分发到其他节点。

2）同步 Log 阶段。Leader 会找到系统中日志最新的记录，并强制所有的 Follower 来同步这个记录，数据的同步是单向的。注意：此处的日志并非指输出消息，而是各种事件的发生记录。

7. 拜占庭问题与算法

拜占庭问题（Byzantine Problem）更为广泛，讨论的是允许少数节点作恶（消息可能被伪造）场景下的一致性达成问题。拜占庭容错算法讨论的是在拜占庭情况下如何对系统达成共识。

（1）两将军问题

在拜占庭问题之前，就已经存在两将军问题（Two Generals Paradox），即两个将军要通过信使来达成进攻还是撤退的约定，但信使可能迷路或被敌军阻拦（消息丢失或伪造），如何达成一致？根据 FLP 不可能原理，这个问题无通用解。

（2）拜占庭问题

拜占庭问题又称拜占庭将军问题（Byzantine Generals Problem），是 Leslie Lamport 等科学家于 1982 年提出用来解释一致性问题的一个虚构模型。拜占庭是古代东罗马帝国的首都，由于地域宽广，守卫边境的多个将军（系统中的多个节点）需要通过信使来传递消息，达成某些一致的决定。但由于可能存在叛徒（系统中节点出错），这些叛徒将努力向不同的将军发送不同的消息，试图干扰共识的达成。拜占庭问题即为在此情况下，如何让将军达成行动的一致。

论文中指出，对于拜占庭问题来说，假如节点总数为 n，叛变将军数为 f，则当 $n \geqslant 3f+1$ 时，问题才有解，由拜占庭容错算法进行保证。

当提案者不是叛变者时，提案者发送一个提案，叛变者可以宣称收到的是相反的命令。第三个人（忠诚者）收到两个相反的消息，无法判断谁是叛变者，则系统无法达成一致。

当提案者是叛变者时，发送两个相反的提案分别给另外两人，另外两人收到两个相反的消息，无法判断究竟谁是叛变者，则系统无法达成一致。

更一般的，当提案者不是叛变者，提案者提出提案信息"1"，则对于合作者来看，系统中会有 $n-f$ 份确定的信息"1"和 f 份不确定的信息（可能为 0 或 1，假设叛变者会尽量干扰一致的达成），$n-f>f$，即 $n>2f$ 的情况下才能达成一致。

当提案者是叛变者，会尽量发送相反的提案给 $n-f$ 个合作者，从收到"1"的合作者看来，系统中会存在 $(n-f)/2$ 个信息"1"及 $(n-f)/2$ 个信息"0"；从收到"0"的合作者看来，系统中会存在 $(n-f)/2$ 个信息"0"及 $(n-f)/2$ 个信息"1"，另外，存在 $f-1$ 个不确定的信息。合作者要想达成一致，必须进一步对所获得的消息进行判定，询问其他人某个被怀疑对象的消息值，并通过取多数值作为被怀疑者的信息值。这个过程可以进一步递归下去。

Leslie Lamport 等人在论文 *Reaching Agreement in The Presence of Faults* 中证明，当叛变者不超过 1/3 时，存在有效的拜占庭容错算法（最坏需要 $f+1$ 轮交互）。反之，如果叛变者过多，超过 1/3，则无法保证一定能达到一致结果。

那么，当存在多于 1/3 的叛变者时，有没有可能存在解决方案呢？

设想 F 个叛变者和 L 个忠诚者，叛变者故意使坏，可以给出错误的结果，也可以不响应。某个时候，F 个叛变者都不响应，则 L 个忠诚者取多数即能得到正确结果。当 F 个叛变者都给出一个恶意的提案，并且 L 个忠诚者中有 F 个离线时，剩下的 $L-F$ 个忠诚者此时无法分辨是否混入了叛变者，仍然要确保取多数才能得到正确结果，因此，$L-F>F$，即 $L>2F$ 或 $N-F>2F$，所以系统整体规模 N 要大于 $3F$。能确保达成一致的拜占庭系统节点数至少为

4，此时最多允许出现一个坏的节点。

（3）拜占庭容错算法

拜占庭容错算法是面向拜占庭问题的容错算法，解决的是在网络通信可靠但节点可能出现故障的情况下如何达成共识。拜占庭容错算法最早的讨论在 1980 年 Leslie Lamport 等人发表的论文 *Polynomial Algorithms for Byzantine Agreement* 中，之后出现了大量的改进工作。长期以来，拜占庭问题的解决方案都存在复杂度过高的问题，直到实用拜占庭容错算法的提出。

1999 年，Castro 和 Liskov 在论文 *Practical Byzantine Fault Tolerance and Proactive Recovery* 中提出的实用拜占庭容错算法，基于前人工作进行了优化，首次将拜占庭容错算法的复杂度从指数级降低到了多项式级，目前已得到广泛应用。其可以在失效节点不超过总数 1/3 的情况下同时保证安全性和活跃性。

实用拜占庭容错算法采用密码学相关技术（RSA[⊖]签名算法、消息验证编码和摘要）确保消息传递过程无法被篡改和破坏。算法的基本过程如下：

通过轮换或随机算法选出某个节点为主节点，此后只要主节点不切换，则称为一个视图（View）。在某个视图中，客户端将请求（Request、Operation、时间戳、Client）发送给主节点，主节点负责广播请求到所有其他副本节点。所有节点处理完成请求后，将处理结果（Reply、View、时间戳、Client、ID_node、Response）返回给客户端。客户端检查是否收到了至少 $f+1$ 个来自不同节点的相同结果，作为最终结果。

主节点广播过程包括 3 个阶段的处理：预准备（Pre-prepare）阶段、准备（Prepare）阶段和提交（Commit）阶段。预准备阶段到准备阶段确保在同一个视图内请求发送的顺序正确；准备阶段到提交阶段则确保在不同视图之间的确认请求是保序（即保持原定的顺序）的。

1）预准备阶段。主节点为从客户端收到的请求分配提案编号，然后发出预准备消息（Pre-prepare、View、n、Digest，Message）给各副本节点。其中，Message 是客户端的请求消息，Digest 是消息的摘要。

2）准备阶段。副本节点收到预准备消息后检查消息是否合法，如果检查通过则向其他节点发送准备消息（Prepare、View、n、Digest、id），并带上自己的 id 信息，同时接收来自其他节点的准备消息。收到准备消息的节点对消息同样进行合法性检查，验证通过则把该准备消息写入消息日志中。集齐至少 $2f+1$ 个验证过的消息才进入准备状态。

3）提交阶段。广播 Commit 消息，告诉其他节点某个提案在视图（View）里已经处于准备状态。如果集齐至少 $2f+1$ 个验证过的 Commit 消息，则说明提案通过。

具体实现上还包括使用视图切换、Checkpoint 机制等，读者可自行参考论文内容，此处不再赘述。

⊖ RSA 是经典的公钥算法，1978 年由 Ron Rivest、Adi Shamir、Leonard Adleman 共同提出，3 人于 2002 年因此获得图灵奖。

（4）解决思路

拜占庭问题之所以难解，在于任何时候系统中都可能存在多个提案（因为提案成本很低），并且要完成最终一致性确认过程十分困难，容易受干扰。比特币的区块链网络在设计时提出了创新的工作量证明概率算法思路，对可能存在多个提案及完成最终一致性确认过程这两个环节进行了改进。

首先，限制一段时间内整个网络中出现提案的个数（通过增加提案成本）；其次，放宽对最终一致性确认的需求，即所有节点都确认并沿着已知最长的链进行拓展。系统的最终确认是概率意义上的存在。这样，即便有人试图恶意破坏，也会付出相应的经济代价（超过整体系统一半的计算力）。

8. 可靠性指标

可靠性，或者说可用性，是描述系统可以提供服务能力的重要指标。高可靠的分布式系统往往需要各种复杂的机制来进行保障。

通常情况下，服务的可用性可以用服务水平协议（Service Level Agreement，SLA）、服务水平指标（Service Level Indicator，SLI）、服务水平目标（Service Level Objective，SLO）等进行衡量。

（1）几个 9 的指标

很多领域都谈到服务的高可靠性，都喜欢用几个 9 的指标来进行衡量。表 1-1 所示为概率意义上粗略反映系统能提供服务的可靠性指标，最初是电信领域提出的概念。

表 1-1　概率意义上粗略反映系统能提供服务的可靠性指标

指标	概率可靠性	每年允许不可用时间	典型场景
1 个 9	90%	1.2 个月	简单测试
2 个 9	99%	3.6 天	普通单点
3 个 9	99.9%	8.6h	普通集群
4 个 9	99.99%	51.6min	高可用
5 个 9	99.999%	5min	电信级
6 个 9	99.9999%	31s	极高要求
7 个 9	99.99999%	3s	N/A

一般来说，单点的服务器系统至少应能满足 2 个 9；对于普通企业信息系统，3 个 9 就足够了，系统能达到 4 个 9 已经是领先水平了。电信级的应用一般需要达到 5 个 9，这已经很厉害了，一年中最多允许出现 5min 左右的服务不可用。6 个 9 及以上的系统，就更加少见了，要实现 6 个 9，往往意味着付出极高的代价。

（2）两个核心时间

一般情况下，描述系统出现故障的可能性和故障出现后的恢复能力，有两个基础的指标：MTBF（Mean Time Between Failures）和 MTTR（Mean Time To Repair）。MTBF 指平均故障间隔时间，即系统可以无故障运行的预期时间；MTTR 指平均修复时间，即发生故障后，系统可以恢复到正常运行的预期时间。

MTBF 衡量了系统发生故障的频率，如果一个系统的 MTBF 很短，则意味着该系统的可用性低；MTTR 则反映了系统碰到故障后服务的恢复能力，如果系统的 MTTR 过长，则说明系统一旦发生故障，需要较长时间才能恢复服务。

一个高可用的系统应该是具有尽量长的 MTBF 和尽量短的 MTTR。

（3）提高可靠性

如何提高系统的可靠性呢？有两个基本思路：一是让系统中的单个组件变得更可靠；二是消灭单点。

IT 从业人员大都有类似的经验，普通笔记本计算机，基本上过一段时间就要重启一下；而运行 Linux/UNIX 系统的专用服务器，则连续运行几个月甚至几年时间都不会出问题。另外，普通的家用路由器，跟生产级别的路由器相比，更容易出现运行故障。这些都是单个组件可靠性不同导致的例子，可以通过简单升级单点的软硬件来改善可靠性。然而，依靠单点实现的可靠性毕竟是有限的。要想进一步地提升，就只好消灭单点，通过主从、多活等模式让多个节点集体完成原先单点的工作。这可以从概率意义上改善整体可靠性，这也是分布式系统的一个重要用途。

分布式系统是计算机科学中十分重要的一个研究领域。随着现代计算机集群规模的不断增加，所处理的数据量越来越大，同时对于性能、可靠性的要求越来越高，分布式系统相关技术已经变得越来越重要，起到的作用也越来越关键。分布式系统中如何保证共识是一个经典的技术问题，无论是在学术上还是在工程上，都存在很高的研究价值。令人遗憾的是，理想的（各项指标均最优）解决方案并不存在。在现实中的各种约束条件下，往往需要通过"牺牲"某些需求来设计出满足特定场景的协议。通过本内容的学习，读者可以体会工程应用中类似的设计技巧。实际上，工程领域中的不少问题都不存在一劳永逸的通用解法；而实用的解决思路是，合理地在实际需求和条件限制之间进行灵活的取舍。

1.3.3 密码学与网络安全

密码学相关的安全技术在整个信息技术领域的重要地位无须多言。如果没有现代密码学和信息安全的研究成果，人类社会根本无法进入信息时代。区块链技术大量依赖了密码学和安全技术的研究成果。

实际上，密码学和安全领域所涉及的知识体系十分繁杂，本小节将介绍密码学领域中与区块链相关的一些基础知识，包括哈希算法与数字摘要、加解密算法、消息认证码与数字签名、数字证书、PKI（Public Key Infrastructure，公钥基础设施）体系、默克尔树、布隆过滤器、同态加密等。读者通过阅读本小节可以了解如何使用这些技术保护信息的机密性、完整性、认证性和不可抵赖性。

1. 哈希算法与数字摘要

（1）哈希算法的定义

哈希算法是非常基础也非常重要的计算机算法，它能将任意长度的二进制明文串映射为较短的（通常是固定长度的）二进制串（哈希值），并且不同的明文很难映射为相同的哈希值。

例如计算一段话"hello blockchain world, this is yeasy@ github"的 SHA-256 哈希值。

加密命令为：

```
$ echo"hello blockchain world,this is yeasy@ github"|shasum-a 256
```

这意味着对于某个文件，无须查看其内容，只要其进行 SHA-256 哈希计算后的结果为 db8305d71a9f2f90a3e118a9b49a4c381d2b80cf7bcef81930f30ab1832a3c90，就说明文件内容极大概率就是"hello blockchain world, this is yeasy@ github"。

哈希值在应用中又常被称为指纹（Fingerprint）或摘要（Digest）。哈希算法的核心思想也经常被应用到基于内容的编址或命名算法中。

一个优秀的哈希算法将能实现如下功能：

1）正向快速，即给定明文和哈希算法，在有限时间和有限资源内能计算得到哈希值。

2）逆向困难，即给定（若干）哈希值，在有限时间内很难（基本不可能）逆推出明文。

3）输入敏感，即原始输入信息发生任何改变，新产生的哈希值都应该出现很大不同。

4）冲突避免，即很难找到两段内容不同的明文使它们的哈希值一致（发生碰撞）。

冲突避免有时又称为"抗碰撞性"，分为"弱抗碰撞性"和"强抗碰撞性"。如果在给定明文的前提下，无法找到与之碰撞的其他明文，则算法具有"弱抗碰撞性"；如果无法找到任意两个发生哈希碰撞的明文，则称算法具有"强抗碰撞性"。

很多场景下，往往要求算法对于任意长的输入内容，可以输出定长的哈希值结果。

（2）常见算法

目前常见的哈希算法包括 MD4、MD5 和 SHA 系列算法。

MD4（RFC 1320）是麻省理工学院的 Ronald L. Rivest 在 1990 年设计的，MD 是 Message Digest 的缩写。其输出是 128 位。MD4 已被证明不够安全。

MD5（RFC 1321）是 Rivest 于 1991 年对 MD4 的改进版本。它对输入仍以 512 位进行分组，其输出是 128 位。MD5 比 MD4 更加安全，但过程更加复杂，计算速度要慢一些。MD5 已被证明不具备"强抗碰撞性"。

SHA（Secure Hash Algorithm，安全散列算法）并非一个算法，而是一个哈希函数族。美国国家标准技术研究院（National Institute of Standards and Technology，NIST）于 1993 年发布其首个实现。目前知名的 SHA-1 算法在 1995 年面世，它可输出长度为 160 位的哈希值，抗穷举性更好。SHA-1 设计时模仿了 MD4 算法，采用了类似原理。SHA-1 已被证明不具备

"强抗碰撞性"。

为了提高安全性，NIST 还设计出了 SHA-224、SHA-256、SHA-384 和 SHA-512 算法（统称为 SHA-2），与 SHA-1 的算法原理类似。SHA-3 相关算法也已被提出。

目前，MD5 和 SHA-1 已经被破解，一般推荐至少使用 SHA-256 或更安全的算法。

（3）性能

哈希算法一般都是计算敏感型的，意味着计算资源是瓶颈，主频越高的 CPU 运行哈希算法的速度也越快。因此可以通过硬件加速来提升哈希计算的吞吐量。

也有一些哈希算法不是计算敏感型的。如 Scrypt 算法，计算过程需要大量的内存资源，节点不能通过简单地增加更多的 CPU 来获得哈希性能的提升。这样的哈希算法经常用在避免算力攻击的场景。

（4）数字摘要

数字摘要是对数字内容进行哈希运算，获取唯一的摘要值来指代原始完整的数字内容。数字摘要是哈希算法最重要的一个用途。利用哈希算法的抗碰撞性特点，数字摘要可以解决内容是否被篡改过的问题。

细心的读者可能会注意到，从网站下载软件或文件时，有时会提供一个相应的数字摘要值。用户下载原始文件后可以在本地自行计算摘要值，并与提供的摘要值进行比对，从而检查文件内容是否被篡改过。

（5）哈希攻击与防护

哈希算法并不是一种加密算法，不能用于对信息的保护，但常用于对口令的保存上。例如，用户登录网站需要通过用户名和密码来进行验证。如果网站后台直接保存用户的口令明文，那么一旦数据库发生泄露，后果将不堪设想。大量用户倾向于在多个网站选用相同或关联的口令。

利用哈希算法的特性，后台可以仅保存口令的哈希值，这样每次比对的哈希值一致，则说明输入的口令正确。即便数据库泄露了，也无法从哈希值还原回口令，只能进行穷举测试。

然而，有些用户设置的口令强度不够，只是一些常见的简单字符串，如"Password""123456"等。有人专门搜集了这些常见口令，计算对应的哈希值并制作成字典。这样，通过哈希值可以快速反查到原始口令。这种以空间换时间的攻击方法包括字典攻击和彩虹表攻击（只保存一条哈希链的首尾值，相对字典攻击可以节省存储空间）等。

为了防范这一类攻击，一般采用加盐（Salt）的方法，即保存的不是口令明文的哈希值，而是口令明文再加上一段随机字符串（即"盐"）之后的哈希值。哈希值和"盐"分别存放在不同的地方，这样只要不是两者同时泄露，攻击者就很难破解了。

2. 加解密算法

加解密算法是密码学的核心技术，从设计理念上可以分为两大基本类型，其说明如表 1-2 所示。

表 1-2 加解密算法两大基本类型说明

算法类型	特点	优势	缺陷	代表算法
对称加密	加解密的密钥相同	计算效率高，加密强度高	需提前共享密钥，易泄露	DES、3DES、AES、IDEA
非对称加密	加解密的密钥不相关	无须提前共享密钥	计算效率低，仍存在中间人攻击的可能	RSA、ElGamal、椭圆曲线系列算法

（1）加解密系统基本组成

现代加解密系统的典型组件一般包括加解密算法、加密密钥、解密密钥。其中，加解密算法自身是固定不变的，并且一般是公开可见的；密钥则是最关键的信息，需要安全地保存起来，甚至需要通过特殊硬件进行保护。一般来说，对同一种算法，密钥需要按照特定算法在每次加密前随机生成，长度越长，则加密强度越大。加解密的基本过程如图 1-6 所示。

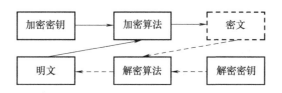

图 1-6 加解密的基本过程

加密过程中，通过加密算法和加密密钥对明文进行加密，获得密文；解密过程中，通过解密算法和解密密钥对密文进行解密，获得明文。

根据加解密过程中所使用的密钥是否相同，算法可以分为对称加密（Symmetric Cryptography，又称公共密钥加密，Common-Key Cryptography）和非对称加密（Asymmetric Cryptography，又称公钥加密，Public-Key Cryptography）。两种模式适用于不同的需求，恰好形成互补。某些时候可以组合使用，形成混合加密机制。

并非所有加密算法的安全性都可以从数学上得到证明。公认的高强度的加密算法和实现往往经过各方面充分实践及论证后才被人们所认可，但也不代表其绝对不存在漏洞。因此，自行设计和发明未经过大规模验证的加密算法是一种不太明智的行为。即便不公开算法加密过程，也很容易被攻破，无法在安全性上得到保障。

实际上，密码学实现的安全往往是通过算法所依赖的数学问题来提供的，而并非通过对算法的实现过程进行保密来提供的。

（2）对称加密算法

对称加密算法，顾名思义，加密和解密过程的密钥是相同的。该类算法的优点是加解密效率（速度快，空间占用小）和加密强度都很高。缺点是参与方都需要提前持有密钥，一旦有人泄露，则安全性被破坏。另外，如何在不安全通道中提前分发密钥也是个问题，需要借助 Diffie-Hellman 密钥交换协议[⊖]或非对称加密方式来实现。

对称密码从实现原理上可以分为两种：分组密码和序列密码。前者将明文切分为定长数据块来作为基本加密单位，应用非常广泛。后者则每次只对一个字节或字符进行加密处理，且密码不断变化，只用在一些特定领域，如数字媒介的加密等。

分组对称加密代表算法包括 DES、3DES、AES、IDEA 等。

1）DES（Data Encryption Standard）是经典的分组加密算法，1977 年由美国联邦信息处理标准（FIPS）采用 FIPS-46-3 将 64 位明文加密为 64 位的密文，其密钥长度为 64 位（包含 8 位校验位）。现在已经很容易被暴力破解。

2）3DES 是三重 DES 操作，即加密→解密→加密，处理过程和加密强度优于 DES，但现在也被认为不够安全。

3）AES（Advanced Encryption Standard）被美国国家标准技术研究院（NIST）采用，取代 DES 成为实现对称加密的标准。1997—2000 年，NIST 从 15 个候选算法中评选出 Rijndael 算法（由比利时密码学家 Joan Daemon 和 Vincent Rijmen 发明）作为 AES，标准为 FIPS-197。AES 也是分组算法；分组长度为 128 位、192 位、256 位 3 种。AES 的优势在于处理速度快，整个过程可以用数学描述，目前尚未有有效的破解手段。

4）IDEA（International Data Encryption Algorithm）是 1991 年由密码学家 James Massey 与来学嘉联合提出的。其设计类似于 3DES，密钥长度增加到 128 位，具有更好的加密强度。

序列密码，又称流密码。1949 年，Claude Elwood Shannon（信息论创始人）首次证明，要实现绝对安全的完善保密性（Perfect Secrecy），可以通过"一次性密码本"的对称加密处理，即通信双方每次都使用与明文等长的随机密钥串对明文进行加密处理。序列密码采用了类似的思想，每次都通过伪随机数生成器来生成伪随机密钥串。

对称加密算法适用于大量数据的加解密过程，不能用于签名场景，并且往往需要提前分发好密钥。

注意：分组加密每次只能处理固定长度的明文，因此对于过长的内容需要采用一定的模式进行分割处理。

（3）非对称加密算法

非对称加密是现代密码学历史上一项伟大的发明，可以很好地解决对称加密中提前分发密钥的问题。

非对称加密算法中，加密密钥和解密密钥是不同的，分别称为公钥和私钥。私钥一般需要通过随机数算法生成，公钥可以根据私钥生成。公钥一般是公开的，他人可获取；私钥一般是个人持有的，他人不能获取。

非对称加密算法的优点是公私钥分开，不安全的通道也可使用。缺点是处理速度（特别是生成密钥和解密过程）比较慢，一般比对称加解密算法慢 2~3 个数量级，同时加密强

⊖ Diffie-Hellman 密钥交换协议算法是一种确保共享密钥可以安全穿越不安全网络的方法。

度也往往不如对称加密算法。

非对称加密算法的安全性往往需要基于数学问题来保障，目前主要基于大数质因子分解、离散对数、椭圆曲线等经典数学难题进行保护。

代表算法包括 RSA、Diffie-Hellman 密钥交换、ElGamal 算法、椭圆曲线（Elliptic Curve Crytosystems，ECC）算法、SM2（ShangMi 2）等系列算法。

1）RSA 算法利用了对大数进行质因子分解困难的特性，但目前还没有通过数学证明两者难度等价，或许存在未知算法能在不进行大数分解的前提下解密。

2）Diffie-Hellman 密钥交换指在基于离散对数无法快速求解时，可以在不安全的通道上，双方协商一个公共密钥。

3）ElGamal 算法由 Taher ElGamal 设计，利用了模运算下求离散对数困难的特性，被应用在优良保密协议（Pretty Good Privacy，PGP）等安全工具中。

4）椭圆曲线算法是现代备受关注的算法，基于对椭圆曲线上的特定点进行特殊乘法逆运算难以计算的特性。最早在 1985 年由 Neal Koblitz 和 Victor Miller 分别独立提出。该算法一般被认为具备较高的安全性，但加解密计算过程往往比较费时。

5）SM2 是国家商用密码算法，由国家密码管理局于 2010 年 12 月 17 日发布，基于椭圆曲线算法，加密强度优于 RSA 系列算法。

非对称加密算法一般适用于签名场景或密钥协商情况下，但不适用于大量数据的加解密情况。目前普遍认为 RSA 类算法可能在不远的将来被破解，一般推荐采用安全强度更高的椭圆曲线系列算法。

（4）选择明文攻击

细心的读者可能会意识到，在非对称加密中，由于公钥是公开的、可以获取的，因此任何人都可以给定明文，获取对应的密文，这就带来选择明文攻击的风险。

为了规避这种风险，现有的非对称加密算法引入了一定的保护机制。对同样的明文使用同样密钥进行多次加密，得到的结果完全不同，这就避免了选择明文攻击的破坏。

在实现上可以有多种思路。一种是先对明文进行变形，添加随机的字符串或标记，再对添加后的结果进行处理；另一种是先用随机生成的临时密钥对明文进行对称加密，再对对称密钥进行加密，即混合利用多种加密机制。

（5）混合加密机制

混合加密机制同时结合了对称加密和非对称加密的优点，先用计算复杂度高的非对称加密协商出一个临时的对称加密密钥（也称为会话密钥，一般相对所加密内容来说要短得多），双方再通过对称加密算法对传递的大量数据进行快速的加解密处理。典型的应用案例是现在人们常用的安全接口层超文本传输协议（Hyper Text Transfer Protocol over Secure Socket Layer，HTTPS）。HTTPS 正在替换传统不安全的 HTTP，成为最普遍的 Web 通信协议。

HTTPS 在传统的 HTTP 层和 TCP 层之间通过引入安全传输层协议/安全套接层（Transport Layer Security/Secure Socket Layer，TLS/SSL）来实现可靠的传输。

SSL 协议最早是 Netscape 于 1994 年设计出来的用于实现早期 HTTPS 的方案，SSL 3.0 及之前的版本存在漏洞，被认为不够安全。TLS 协议是 IETF 基于 SSL 协议提出的安全标准。推荐使用的版本至少为 TLS 1.0，对应到 SSL 3.1 版本。除了 Web 服务外，TLS 协议也广泛应用于电子邮件、实时消息、音视频通话等领域。

采用 HTTPS 建立安全连接（TLS 握手协商过程）的基本步骤如下（如图 1-7 所示）：

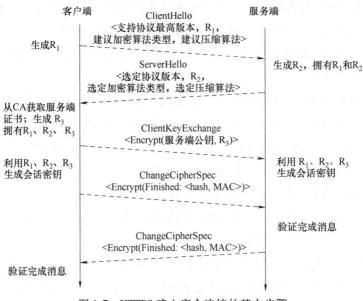

图 1-7　HTTPS 建立安全连接的基本步骤

客户端向服务端发送一个 ClientHello 消息，包含了客户端支持的加密算法、随机数和会话 ID。其中生成的 R_1 表示客户端发送的一个随机数，用于后续密钥的生成。服务端向客户端发送一个 ServerHello 消息，选择了客户端支持的加密算法、随机数和会话 ID，并发送自己的证书和公钥。客户端验证服务端的证书和公钥，生成一个预主密钥（Pre-Master Secret），用服务端的公钥加密后发送给服务端，同时发送一个 Finished 消息，表示握手协商结束。服务端用自己的私钥解密得到预主密钥，根据预主密钥和双方的随机数生成一个主密钥（Master Secret），用主密钥加密数据进行通信，并发送一个 Finished 消息，表示握手协商结束。

浏览器检查带有该网站公钥的证书。该证书需要由第三方认证机构（Certification Authority，CA）来签发，浏览器和操作系统会预置权威 CA 的根证书。如果证书被篡改作假（中间人攻击），那么很容易通过 CA 的证书验证出来。

如果证书没问题，则客户端用服务端证书中的公钥加密随机数 R_3（又称 Pre-MasterSecret），发送给服务器。此时，客户端和服务端都拥有 R_1、R_2 和 R_3 信息，基于随机数 R_1、R_2 和 R_3，双方通过伪随机数函数来生成共同的对称会话密钥。

后续客户端和服务端的通信都通过对称加密算法进行保护。可以看出，该过程的主要功能是在防止中间人窃听和篡改的前提下完成会话密钥的协商。为了保障前向安全性（Perfect Forward Secrecy），TLS 可以对每个会话连接生成不同的密钥，避免某次会话密钥泄露之后影响其他会话连接的安全性。需要注意，TLS 协商过程支持的加密算法方案较多，要合理地选择安全强度高的算法。

示例中对称密钥的协商过程采用了 RSA 非对称加密算法，实践中也可以通过 Diffie-Hellman 密钥交换协议来完成。

（6）离散对数与 Diffie-Hellman 密钥交换协议

Diffie-Hellman（DH）密钥交换协议是一个经典的协议，最早发布于 1976 年，应用十分广泛。使用该协议可以在不安全信道完成对称密钥的协商，以便后续通信采用对称加密。

DH 协议的设计基于离散对数问题（Discrete Logarithm Problem，DLP）。离散对数问题是指对于一个很大的素数 p，已知 g 为 p 的模循环群的原根，给定任意 x，求解 $x=g^x/p$ 是可以很快获取的。但在已知 p、g 和 x 的前提下，逆向求解 x 目前没有多项式时间实现的算法。该问题同时也是 ECC 类加密算法的基础。

DH 协议的基本交换过程如下例所示：

Alice 和 Bob 两个人协商密钥，先公开商定 p，g。

Alice 自行选取私密的整数 x，计算 $x=g^x/p$，发送 x 给 Bob。

Bob 自行选取私密的整数 y，计算 $y=g^y/p$，发送 y 给 Alice。

Alice 根据 x 和 y，求解共同密钥 $Z\_A=y^x/p$。

Bob 根据 x 和 y，求解共同密钥 $Z\_B=x^y/p$。

实际上，Alice 和 Bob 计算出来的结果会完全相同，因为在 p 取模的前提下，$y^x=(g^y)^x=g^{xy}=(g^x)^y=x^y$。而信道监听者在已知 p、g、x、y 的前提下，无法求得 Z。

3. 消息认证码与数字签名

消息认证码与数字签名技术通过对消息的摘要进行加密，可用于消息防篡改和身份证明问题。

（1）消息认证码

消息认证码的全称是"基于哈希的消息认证码（Hash-based Message Authentication Code，HMAC）"。消息认证码基于对称加密，可以对消息完整性（Integrity）进行保护。

基本过程是首先对某个消息利用提前共享的对称密钥和哈希算法进行加密处理，然后得到 HMAC 值。该 HMAC 值持有方可以证明自己拥有共享的对称密钥，并且也可以利用 HMAC 确保消息内容未被篡改。

典型的 HMAC 算法包括 3 个参数，分别为 K、H 和 Message，K 为提前共享的对称密钥，H 为提前商定的哈希算法（一般为公认的经典算法，如 SHA-256），Message 为要处理的消息内容。如果不知道 K 或 H 中的任何一个，则无法根据 Message 得到正确的 HMAC 值。

消息认证码一般用于证明身份的场景。如 Alice、Bob 提前共享了 HMCA 的密钥和哈希算法，Alice 需要知晓对方是否为 Bob，可发送随机消息给 Bob。Bob 收到消息后进行计算，把消息 HMAC 值返回给 Alice，Alice 通过检验收到 HMAC 值的正确性可以知晓对方是否是 Bob。注意，这里并没有考虑中间人攻击的情况，并且假定信道是安全的。

消息认证码在使用过程中的主要问题是需要共享密钥。在密钥可能被多方拥有的场景下，无法证明消息来自某个确切的身份。反之，如果采用非对称加密方式，则可以追溯到来源身份，即数字签名。

（2）数字签名

与在纸质合同上签名以确认合同内容和证明身份类似，数字签名基于非对称加密，既可以证实某数字内容的完整性，又可以确认来源（或不可抵赖，Non-Repudiation）。

一个典型的场景是，Alice 通过信道发给 Bob 一个文件，Bob 如何获知所收到的文件即为 Alice 发出的原始版本？Alice 可以先对文件内容进行摘要，然后用自己的私钥对摘要进行加密（签名），之后将文件和签名都发给 Bob。Bob 收到文件和签名后，用 Alice 的公钥来解密签名，得到数字摘要，将收到的文件与摘要后的结果进行比对。如果一致，则说明该文件确实是 Alice 发过来的（别人无法拥有 Alice 的私钥），并且文件内容没有被修改过（摘要结果一致）。

知名的用于数字签名的算法包括数字签名算法（Digital Signature Algorithm，DSA）和安全强度更高的椭圆曲线数字签名算法（Elliptic Curve Digital Signature Algorithm，ECDSA）等。

除普通的数字签名应用场景外，针对一些特定的安全需求，产生了一些特殊数字签名技术，包括盲签名、多重签名、群签名、环签名等。

1）盲签名（Blind Signature），是 1982 年由 David Chaum 在论文 *Blind Signatures for Untraceable Payment* 中提出的。签名者需要在无法看到原始内容的前提下对信息进行签名。盲签名可以实现对所签名内容的保护，防止签名者看到原始内容。另外，盲签名还可以防止追踪，签名者无法将签名内容和签名结果进行对应。典型的实现包括 RSA 盲签名算法等。

2）多重签名（Multiple Signature），即在 n 个签名者中，收集到至少 m 个（$n \geq m \geq 1$）签名，即认为合法。其中，n 是提供的公钥个数，m 是需要匹配公钥的最少的签名个数。多重签名可以有效地被应用在多人投票共同决策的场景中。例如双方进行协商，第三方作为审核方，三方中的任何两方达成一致即可完成协商。比特币交易中就支持多重签名，可以实现多个人共同管理某个账户的比特币交易。

3）群签名（Group Signature），即某个群组内的一个成员可以代表群组进行匿名签名，最早于 1991 年由 David Chaum 和 Eugene van Heyst 提出。签名可以验证来自该群组，却无法准确追踪到签名的是哪个成员。群签名需要由一个群管理员来添加新的群成员，因此存在群管理员可能追踪到签名成员身份的风险。

4）环签名（Ring Signature），环签名由 Rivest、Shamir 和 Tauman 这 3 位密码学家在 2001 年首次提出。环签名属于一种简化的群签名。签名者首先选定一个临时的签名者集合，集合中包括签名者自身。然后签名者利用自己的私钥和签名集合中其他人的公钥独立地产生签名，而无须他人的帮助。签名者集合中的其他成员可能并不知道自己被包含在最终的签名中。环签名在保护匿名性方面有很多的用途。

（3）安全性

数字签名算法自身的安全性由数学问题进行保障，但在使用上，系统的安全性也十分关键。目前常见的数字签名算法往往需要选取合适的随机数作为配置参数，配置参数不合理的使用或泄露都会造成安全漏洞，需要进行安全保护。

2010 年，SONY 公司因为其 PS3 产品上采用安全的 ECDSA 进行签名时不慎采用了重复的随机参数，导致私钥被最终破解，造成重大经济损失。

4. 数字证书

对于非对称加密算法和数字签名来说，很重要的一点就是公钥的分发。理论上，任何人都可以公开获取到对方的公钥。然而这个公钥有没有可能是伪造的呢？传输过程中有没有可能被篡改呢？一旦公钥自身出了问题，则建立在其上的整个安全体系的安全性将不复存在。

数字证书机制正好能够解决这个问题，它就像日常生活中的一个证书一样，可以证明所记录信息的合法性。例如证明某个公钥是某个实体（如组织或个人）的，并且确保内容被篡改后能被探测出来，从而实现对用户公钥的安全分发。

根据所保护公钥的用途，数字证书可以分为加密数字证书（Encryption Certificate）和签名验证数字证书（Signature Certificate）。前者保护用于加密信息的公钥；后者则保护用于解密签名进行身份验证的公钥。两种类型的公钥也可以同时放在同一证书中。

一般情况下，证书需要由证书认证机构来进行签发和背书。权威的证书认证机构包括 DigiCert、GlobalSign、VeriSign 等。用户也可以自行搭建本地 CA 系统，在私有网络中进行使用。

（1）X. 509 证书规范

一般来说，数字证书内容可能包括基本数据（版本号、序列号）、所签名对象信息（签名算法类型、签发者信息、有效期、被签发人、签发的公开密钥）和 CA 的数字签名等。目前使用最广泛的标准为 ITU（国际电信联盟）和 ISO（国际标准组织）联合制定的 X. 509 的 v3 版本规范，其中定义了如下证书信息域：

1）版本号（Version Number），指符合规范的版本号。目前为 v3，值为 0x2。

2）序列号（Serial Number），指由 CA 维护的为所颁发的每个证书分配的唯一的序列号，用来追踪和撤销证书。只要拥有签发者信息和序列号，就可以唯一标识一个证书，最大不能超过 20 个字节。

3）签名算法（Signature Algorithm），指数字签名所采用的算法，如 sha256WithRSAEncryption 或 ecdsa-with-SHA256。

4）颁发者（Issuer），指颁发证书单位的标识信息，如 "C＝CN，ST＝Beijing，L＝Beijing，O＝org. example. com，CN＝ca. org. example. com"。

5）有效期（Validity），指证书的有效期限，包括起止时间。

6）主体（Subject），指证书拥有者的标识信息（Distinguished Name），如 "C＝CN，ST＝Beijing，L＝Beijing，CN＝person. org. example. com"。

7）主体的公钥信息（Subject Public Key Info），指所保护的公钥相关的信息。

8）公钥算法（Public Key Algorithm），指公钥采用的算法。

9）主体公钥（Subject Public Key），指公钥的内容。

10）颁发者唯一号（Issuer Unique Identifier），指代表颁发者的唯一信息，仅 v2、v3 版本支持，可选。

11）主体唯一号（Subject Unique Identifier），指代表拥有证书实体的唯一信息，仅 v2、v3 版本支持，可选。

12）扩展（Extensions），指可选的一些扩展，v3 中可能包括：

① Subject Key Identifier，指实体的密钥标识符，区分实体的多对密钥。

② Basic Constraints，指基本制约，一般指明是否属于 CA。

③ Authority Key Identifier，指证书颁发者的公钥标识符。

④ CRL Distribution Points，指撤销文件的发布地址。

⑤ Key Usage，指证书的用途或功能信息。

此外，证书的颁发者还需要对证书内容利用自己的公钥添加签名，以防止别人对证书内容进行篡改。

（2）证书格式

X. 509 规范中一般推荐使用隐私增强邮件（Privacy Enhanced Mail，PEM）格式来存储证书相关的文件。证书文件的扩展名一般为 . crt 或 . cer，对应私钥文件的扩展名一般为 . key，证书请求文件的扩展名为 . csr。有时候也统一用 . pem 作为文件扩展名。

PEM 格式采用文本方式进行存储，一般包括首尾标记和内容块，内容块采用 Base 64 进行编码。

例如，一个 PEM 格式的示例证书文件 example. com-cert. pem 如下：

```
-----BEGIN CERTIFICATE REQUEST-----
MIICVTCCAhMCAQAwUzELMAkGA1UEBhMCQVUxEzARBgNVBAgTClNvbWUtU3RhdGUxITAfB
gNVBAoTGEludGVybmV0IFdpZGdpdHMgUHR5IEx0ZDEMMAoGA1UEAxMDUENBMIIBtTCCAS
kGBSsOAwIMMIIBHgKBgQCnP26Fv0FqKX3wn0cZMJCaCR3aajMexT2GlrMV4FMuj+BZgnO
QPnUxmUd6UvuF5NmmezibaIqEm4fGHrV+hktTW1nPcWUZiG7OZq5ridb77Cjcwtelu+Us
OSZL2ppwGJU31RBWI/YV7boEXt45T/23Qx+1pGVvzYAR5HCVW1DNSQIVAPcHMe36bAYD1
YWKHKycZedQZmVvAoGATd9MA6aRivUZb1BGJZnlaG8w42nh5bNdmLsohkj83pkEP1+ID-
JxzJA0gXbkqmj8YlifkYofBe3RiU/xhJ6h6kQmdtvFNnFQPWAbuSXQHzlV+I84W9srcWm
EBfslxtU323DQph2j2XiCTs9v15AlsQReVkusBtXOlan7YMu0OArgDgYUAAoGBAKbtuR5
AdW+ICjCFe2ixjUiJJzM2IKwe6NZEMXg39+HQ1UTPTmfLZLps+rZfolHDXuRKMXbGFdSF
0nXYzotPCzi7GauwEJTZyr27ZZjA1C6apGSQ9GzuwNvZ4rCXystVEagAS8OQ4H3D4dWS1
7Zg31ICb5o4E5r0z09o/Uz46u0VoAAwCQYFKw4DAhsFAAMxADAuAhUArRubTxsbIXy3Ah
tjQ943AbNBnSICFQCu+g1iW3jwF+gOcbroD4S/ZcvB3w==
-----END CERTIFICATE REQUEST-----
```

用户可以通过如下命令来查询文件的内容：

```
$ openssl req-in example.com-cert.pem-noout-text
```

此外，还有唯一编码规则（Distinguished Encoding Rules，DER）格式，是采用二进制对证书进行保存的，可以与 PEM 格式互相转换。

（3）证书信任链

证书中记录了大量信息，其中最重要的信息为"签发的公开密钥"和"CA 数字签名"。因此，只要使用 CA 的公钥再次对这个证书进行签名比对，就能证明某个实体的公钥是否是合法的。

读者可能会想到，怎么证明对实体证书进行签名的 CA 公钥自身是否合法呢？毕竟在获取 CA 公钥的过程中它也可能被篡改。

实际上，要想知道 CA 的公钥是否合法，一方面可以通过更上层的 CA 颁发的证书来进行认证，另一方面某些根 CA 可以通过预先分发证书来实现信任基础。例如，主流操作系统和浏览器里面，往往会提前预置一些权威 CA 的证书（通过自身的私钥签名，系统承认这些是合法的证书）。之后所有基于这些 CA 认证过的中间层 CA 和后继 CA 都会被验证合法。这样从预先信任的根证书，经过中间层证书，到最底层的实体证书，就构成一条完整的证书信任链。

某些时候，用户在使用浏览器访问某些网站时，可能会被提示是否信任对方的证书。这说明该网站证书无法被当前系统中的证书信任链进行验证，需要进行额外检查。另外，当信任链上的任一证书不可靠时，依赖它的所有后继证书都将失去保障。

可见，证书作为公钥信任的基础，对其生命周期进行安全管理十分关键。PKI 体系提供了一套完整的证书管理的框架，包括生成、颁发、撤销过程等。

5. PKI 体系

在非对称加密中，公钥可以通过证书机制来进行保护，但证书的生成、分发、撤销等过程并没有在 X.509 规范中进行定义。

实际上，安全地管理和分发证书可以遵循 PKI 体系来完成。PKI 体系解决的核心是与证书生命周期相关的认证和管理问题，在现代密码学应用领域处于十分基础和重要的地位。

需要注意的是，PKI 是建立在公私钥基础上实现安全、可靠传递消息和身份确认的一个通用框架，并不代表某个特定的密码学技术和流程。实现了 PKI 规范的平台可以安全、可靠地管理网络中用户的密钥和证书。目前 PKI 体系包括多个实现和规范，知名的有 RSA 公司的公钥加密标准（Public Key Cryptography Standards，PKCS）和 X.509 相关规范等。

（1）PKI 基本组件

一般情况下，PKI 至少包括如下核心组件：

1）CA，CA 负责证书的颁发和作废，接收来自注册机构（Registration Authority，RA）的请求，是最核心的部分。

2）RA，RA 负责对用户身份进行验证，校验数据合法性，负责登记，审核过了就发给 CA。

3）证书数据库，证书数据库存放证书，多采用 X.500 系列标准格式。可以配合轻量级目录访问协议（Lightweight Directory Access Protocol，LDAP）管理用户信息。

其中，CA 是最核心的组件，主要完成对证书信息的维护。

常见的操作流程为：用户通过 RA 登记申请证书，提供身份和认证信息等；CA 审核后完成证书的制造，颁发给用户。如果需要撤销证书，则应再次向 CA 发出申请。

（2）证书的签发

CA 对用户签发证书实际上是对某个用户的公钥使用 CA 的私钥进行签名。这样，任何人都可以用 CA 的公钥对该证书进行合法性验证。验证成功则认可该证书中所提供的用户公钥内容，实现用户公钥的安全分发。

用户证书的签发有两种方式：第一种方式，可以由 CA 直接生成证书（内含公钥）和对应的私钥发给用户；第二种方式，可以由用户自己生成公钥和私钥，然后由 CA 来对公钥内容进行签名。

第二种方式下，用户会首先自行生成一个私钥和证书申请文件（Certificate Signing Request，CSR），该文件包括了用户对应的公钥和一些基本信息，如通用名（Common Name，CN）、组织信息、地理位置等。CA 只需要对证书请求文件进行签名，生成证书文件，颁发给用户即可。整个过程中，用户可以保持私钥信息的私密性，不会被其他方获知（包括 CA 方）。

生成证书申请文件的过程并不复杂，用户可以很容易地使用开源软件 OpenSSL 来生成 .csr 文件和对应的私钥文件。

例如，安装 OpenSSL 后可以执行如下命令来生成私钥和对应的证书请求文件：

```
$ openssl req-new-keyout private.key-out for_request.csr
```

生成过程中需要输入地理位置、组织、通用名等信息。生成的私钥和 .csr 文件默认以 PEM 格式存储，内容为 Base 64 编码。

OpenSSL 工具提供了查看 PEM 格式文件明文的功能，例如，使用如下命令可以查看生成的 .csr 文件的明文：

```
$ openssl req-in for_request.csr-noout-text
```

需要注意，在用户自行生成私钥的情况下，一旦私钥文件丢失，由于 CA 方不持有私钥信息，因此就无法进行恢复，意味着通过该证书中的公钥加密的内容将无法被解密。

（3）证书的撤销

证书超出有效期后会作废，用户也可以主动向 CA 申请撤销某证书文件。

由于 CA 无法强制收回已经颁发出去的数字证书，因此为了实现证书的作废，往往还需要维护一个撤销证书列表（Certificate Revocation List，CRL），用于记录已经撤销的证书序号。

因此，通常情况下，当第三方对某个证书进行验证时，需要首先检查该证书是否在撤销列表中。如果存在，则该证书无法通过验证；如果不在，则继续进行后续的证书验证过程。

6. 默克尔树

默克尔树，又称哈希树，是一种典型的二叉树结构，由一个根节点、一组中间节点和一组叶节点组成。在区块链系统出现之前，默克尔树被广泛用于文件系统和 P2P 系统中。

其主要特点为：最下面的叶子节点包含存储数据或其哈希值；非叶子节点（包括中间节点和根节点）都是它的两个孩子节点内容的哈希值。

进一步地，默克尔树可以推广到多叉树的情形，此时非叶子节点的内容为其所有孩子节点内容的哈希值。

默克尔树逐层记录哈希值的特点，让它具有了一些独特的性质。例如，底层数据的任何变动，都会传递到其父节点，沿着路径一层层地传递，一直到树根。这意味着树根的值实际上代表了对底层所有数据的"数字摘要"。

目前，默克尔树的典型应用场景很多，下面分别介绍。

（1）快速比较大量数据

对每组数据排序后构建默克尔树结构，当两个默克尔树根相同时，就意味着两组数据必然相同，否则必然存在不同。

由于哈希计算的过程可以十分快速，因此预处理可以在短时间内完成。利用默克尔树结构能带来巨大的比较性能优势。

（2）快速定位修改

例如，图 1-8 中，如果 D_1 被修改，则会影响到 N_1、N_4 和 $Root$。

因此，一旦发现某个节点（如 $Root$）的数值发生变化，沿着路径 $Root \rightarrow N_4 \rightarrow N_1$，最多通过 $O(\log_n N)$ 的时间即可快速定位到实际发生改变的数据块 D_1。

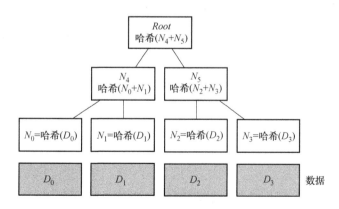

图 1-8　默克尔树示例

仍以图 1-8 为例，如何向他人证明拥有的某组数据（$D_0, \cdots, D_3$）中包括给定的内容 D_0，而不暴露其他任何内容？很简单，构造如图 1-8 所示的默克尔树，公布 N_1、N_5、$Root$。D_0 拥有者通过验证生成的 *Root* 是否与提供的值一致，即可很容易检测D_0存在。整个过程中，验证者无法获知其他内容。

7. 布隆过滤器

布隆过滤器（Bloom Filter）于 1970 年由 Burton Howard Bloom 在论文 *Space/Time Trade-offs in Hash Coding with Allowable Errors* 中提出。布隆过滤器是一种基于哈希的高效查找结构，能够快速（常数时间内）回答"某个元素是否在一个集合内"的问题。

布隆过滤器因为其高效性而大量应用于网络和安全领域，如信息检索（BigTable 和 HBase）、垃圾邮件规则、注册管理等。

（1）基于哈希的快速查找

在布隆过滤器之前，先来看基于哈希的快速查找算法。前面的讲解中提到过，哈希可以将任意内容映射到一个固定长度的字符串，而且不同内容映射到相同串的概率很低。因此，这就构成了一个很好的"内容→索引"的生成关系。

试想，如果给定一个内容和存储数组，通过构造哈希函数，让映射后的哈希值总是不超过数组的大小，则可以实现快速的基于内容的查找。例如，内容"hello world"的哈希值如果是"100"，则存放到数组的第 100 个单元上去。如果需要快速查找任意内容，如"hello world"字符串是否在存储系统中，那么只需要将其在常数时间内计算哈希值，并用哈希值查看系统中的对应元素即可。该系统"完美地"实现了常数时间内的查找。

然而，令人遗憾的是，当映射后的值限制在一定范围（如总数组的大小）内时，发现哈希冲突的概率会变大，而且范围越小，冲突概率越大。很多时候，存储系统的大小又不能无限扩展，这就造成算法效率的下降。为了提高空间利用率，人们基于哈希算法的思想设计出了布隆过滤器结构。

（2）更高效的布隆过滤器

布隆过滤器采用了多个哈希函数（Hash#）来提高空间利用率。对同一个给定输入来说，多个哈希函数可计算出多个地址，分别在位串的这些地址上标记 1。查找时，执行同样的计算过程，并查看对应元素，如果都为 1，则说明较大概率是存在该输入的。布隆过滤器如图 1-9 所示。

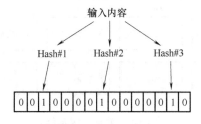

图 1-9　布隆过滤器

布隆过滤器相对单个哈希算法查找，大大提高了空间利用率，可以使用较小的空间来表示较大集合的存在关系。

实际上，无论是哈希算法，还是布隆过滤器，基本思想是一致的，都基于内容的编址。哈希函数存在冲突，布隆过滤器也存在冲突，这就造成了两种方法都存在着误报（False Positive）的情况，但绝对不会漏报（False Negative）。

布隆过滤器在应用中的误报率往往很低，例如，在使用 7 个不同哈希函数的情况下记录 100 万个数据，采用 2MB 大小的位串，整体的误判率将低于 1%。而传统的哈希查找算法的误报率将接近 10%。

8. 同态加密

（1）定义

同态加密（Homomorphic Encryption）是一种特殊的加密方法，允许对密文进行处理，得到的仍然是加密的结果，即对密文直接进行处理，与对明文进行处理后再对处理结果加密得到的结果相同。从抽象代数的角度讲，这种方式保持了同态性。同态加密可以确保实现处理者无法访问数据自身的信息。

如果定义一个运算符 Δ，对加密算法 E 和解密算法 D，满足以下公式：

$$E(X\Delta Y)=E(X)\Delta E(Y)$$
$$D(X\Delta Y)=D(X)\Delta D(Y)$$

则意味着该运算满足同态性。

同态性来自代数领域，一般包括 4 种类型：加法同态、乘法同态、减法同态和除法同态。同时满足加法同态和乘法同态，则意味着是代数同态，称为全同态。同时满足 4 种同态性，则称为算数同态。

对于计算机操作来讲，实现了全同态就意味着对所有处理都可以实现同态性。只能实现部分特定操作的同态性，称为特定同态。

（2）问题与挑战

同态加密的问题最早是由 Ron Rivest、Leonard Adleman 和 Michael L. Dertouzos 在 1978 年提出的，同年提出了 RSA 加密算法。但第一个"全同态"的算法直到 2009 年才被 Craig Gentry 在论文 *Fully Homomorphic Encryption Using Ideal Lattices* 中提出并进行数学证明。

仅满足加法同态的算法包括 Paillier 和 Benaloh 算法，仅满足乘法同态的算法包括 RSA 和 ElGamal 算法。

同态加密在云计算和大数据时代的意义十分重大。目前，虽然云计算具有低成本、高性能和便捷性等优势，但从安全角度讲，用户还不敢将敏感信息直接放到第三方云上进行处理。如果有了比较实用的同态加密技术，则人们就可以放心地使用各种云服务了，同时各种数据分析过程也不会泄露用户隐私。加密后的数据在第三方服务处理后得到加密后的结果，这个结果只有用户自身可以进行解密，在整个过程中，第三方平台都无法获知任何有效的数据信息。

另外，对于区块链技术，同态加密也是很好的互补。使用同态加密技术，运行在区块链上的智能合约可以处理密文，而无法获知真实数据，极大地提高了隐私安全性。

目前，全同态的加密方案主要包括如下 3 种类型：

1）基于理想格（Ideal Lattice）的方案：Gentry 和 Halevi 在 2011 年提出的基于理想格的方案可以实现 72 位的安全强度，对应的公钥大小约为 2.3GB，同时刷新密文的处理时间需要几十分钟。

2）基于整数上近似最大公约数（Greatest Common Divisor，GCD）问题的方案：Dijk 等人在 2010 年提出的方案（及后续方案）采用了更简化的概念模型，可以使公钥大小降至几十 MB 量级。

3）基于带扰动学习（Learning With Errors，LWE）问题的方案：Brakerski 和 Vaikuntanathan 等在 2011 年左右提出了相关方案；Lopez-Alt 等在 2012 年设计出多密钥全同态加密方案，接近实时多方安全计算的需求。

目前，已知的同态加密技术往往需要较高的计算时间或存储成本，相比传统加密算法的性能和强度还有差距，但该领域的被关注度一直很高，相信在不远的将来会出现接近实用的方案。

（3）函数加密

与同态加密相关的一个问题是函数加密。同态加密保护的是数据本身，而函数加密保护的是处理函数本身，即让第三方在看不到处理过程的前提下对数据进行处理。

该问题已被证明不存在对多个通用函数的任意多密钥的方案，目前仅能做到对某个特定函数的一个密钥的方案。

9. 零知识证明

零知识证明（Zero Knowledge Proof，ZKP）是这样的一个过程：证明者在不向验证者提供任何额外信息的前提下，使验证者相信某个论断是正确的。

例如，Alice 向 Bob 证明自己知道某个数字，在证明过程中，Bob 可以按照某个顺序提出问题（如数字加上某些随机数后的变换）由 Alice 回答，并通过回答确信 Alice 知道某数字。证明过程中，Bob 除了知道 Alice 确实知道该数字外，自己无法获知或推理出任何额外信息（包括该数字本身），也无法用 Alice 的证明去向别人证明（Alice 如果提前猜测出 Bob 问题的顺序，则存在作假的可能性）。

零知识证明的研究始于 1985 年 Shafi Goldwasser 等人的论文 *The Knowledge Complexity of Interactive Proof-Systems*，目前一般认为至少要满足 3 个条件：

1）完整性（Completeness），表示完整的证明可以让验证者成功验证。

2）可靠性（Soundness），让验证者保证通过验证，但允许存在小概率例外。

3）零知识（Zero-Knowledge），如果零知识得到证明，则无法从证明过程中获知除了所证明信息之外的任何信息。

10. 量子密码学

量子密码学（Quantum Cryptography）随着量子计算和量子通信的研究而受到越来越多的关注，将会对已有的密码学安全机制产生较大的影响。

量子计算的概念最早是由物理学家费曼于 1981 年提出的，基本原理是利用量子比特可以同时处于多个相干叠加态，理论上可以同时用少量量子比特来表达大量的信息，并同时进行处理，从而大大提高计算速度。如 1994 年提出的基于量子计算的 Shor 算法，理论上可以实现远超经典计算速度的大数因子分解。这意味着大量加密算法（包括 RSA、DES、ECC 算法等）都将很容易被破解。但量子计算目前离实际可用的通用计算机还有一定差距。

量子通信则提供对密钥进行安全分发的机制，有望实现无条件安全的"一次性密码"。量子通信基于量子纠缠效应，两个发生纠缠的量子可以进行远距离的实时状态同步。一旦信道被窃听，则通信双方会获知该情况，丢弃此次传输的泄露信息。该性质十分适合进行大量的密钥分发，如 1984 年提出的 BB84 协议[⊖]，结合量子通道和公开信道，可以实现安全的密钥分发。

11. 社交工程学

密码学与安全问题一直是学术界和工业界都十分关心的重要话题，相关的技术也一直在不断发展和完善。然而，即便存在理论上完美的技术，也不存在完美的系统。无数例子证实，看起来设计十分完善的系统最后被攻破，并非是因为设计上出现了深层次的漏洞，而是看起来十分浅显的某些方面。

例如，系统管理员将登录密码贴到计算机前，财务人员在电话里泄露用户的个人敏感信息，公司职员随意运行不明邮件的附件，不明人员借推销或调查问卷的名义进入办公场所窃取信息，等等。

著名计算机黑客和安全顾问 Kevin David Mitnick 曾在 15 岁时成功入侵北美空中防务指挥系统，其著作 *The Art of Deception* 大量揭示了如何通过社交工程学的手段轻易获取各种安全信息的案例。

现代密码学安全技术在设计上大量应用了十分专业的现代数学知识，如果读者希望成为这方面的专家，则需要进一步学习并深入掌握近现代的数学科学，特别是数论、抽象代数等相关内容。可以说，密码学安全学科是没有捷径可走的。另外，从应用的角度来看，一套完整的安全系统除了核心算法外，还包括协议、机制、系统、人员等多个方面。任何一个环节出现漏洞都将带来巨大的安全风险。因此，要实现高安全可靠的系统是十分困难的。区块链技术中大量利用了现代密码学的已有成果，包括哈希、加解密、签名、默克尔树数据结构等。另外，区块链系统和诸多新的场景也对密码学和安全技术提出了很多新的需求，反过来也将促进相关学科的进一步发展。

1.4　区块链的政策支持

当前，我国区块链技术和产业发展虽然取得了一定成绩，但也面临着诸多难题，亟待加

⊖　BB84 协议是国际通用的量子密钥分发协议。

大政策供给力度，推动区块链产业创新发展。

我国区块链发展处于初级阶段，早在 2016 年 12 月，区块链首次被列入《"十三五"国家信息化规划》，其后在金融业专项规划、官方发布的区块链产业白皮书中曾多次对区块链技术及应用做出规划或安排。后来，为规范区块链法规、监管不足，国家网信办出台了《区块链信息服务管理规定》。

截止到 2021 年 11 月，国家层面共有近百项区块链政策信息公布，主要围绕区块链监管、区块链扶持、区块链产业应用展开。全国已有超过 33 个省市出台区块链专项政策，除了财政奖励、房租减免、人才补贴等支持措施，有 16 个地方明确提出由政府国有资本主导设立区块链产业投资基金或子基金，其中，广州、娄底、苏州等的文件中明确基金（子基金）金额为 10 亿元或不低于 10 亿元。国内虽然经历了数月的大刀阔斧的监管整治，但是在应用落地方面始终不遗余力地推行，进而激发了一大批优秀的开发人员参与其中。

此外，目前在区块链行业内的应用发展方面，我国区块链专利申请量全球第一，数量达 3.3 万件，占比约 63%，其次为美国、韩国。具体到我国企业，蚂蚁、平安、腾讯等公司排名前列，区块链专利申请数量分别近 7000 件、4000 件和 2000 件。从我国企业的区块链专利布局来看，主要集中于智能合约、人工智能、交易数据处理等相关技术领域。我国在区块链专利方面遥遥领先，为应用落地提供了良好的发展土壤。

【思考题】

1. 区块链的定义是什么？区块链的思想是为了解决什么问题？又是怎么解决的？
2. 怎么理解去中心化？未来的区块链应用可以达到完全的去中心化吗？
3. 区块链可以实现哪些方面的需求？
4. 如何理解区块链的信任机制？
5. 如果你是设计者，那么你觉得区块链还有什么可以完善的地方？

第 2 章
区块链顶级项目

2.1 比特币

2.1.1 概述

随着移动互联网的高速发展，纸币数字化时代已悄然降临。现在很多人出门都不带钱包，使用手机扫描二维码即可完成线上支付。例如，发工资只是在银行卡账户上做数字的加法，买衣服只是在银行卡账户的数字上做减法。整个过程中都见不到纸币，所有的过程都是在记账。记记账，就可以完成发工资、购物等，这么轻松的事，到底由谁来负责呢？我国就是各家银行、第三方支付机构和央行来负责记账，央行拥有整个国家大账本的记账权，这是一种中心化记账的方式。

比特币的概念由中本聪提出，与其他流通的货币有所不同，比特币不依靠货币机构发行，它依据特定算法通过大量的计算产生。比特币使用整个 P2P 网络中众多节点构成的分布式数据库来确认并记录所有的交易行为，使用密码学的设计来确保流通各个环节的安全性。P2P 的去中心化特性与算法本身可以确保无法大量制造比特币来人为操控币值；基于密码学的设计可以使比特币被其真正的拥有者转移或支付，这也确保了比特币所有权与流通交易的匿名性。比特币与其他虚拟货币最大的不同是其总数量有限，具有稀缺性。

2.1.2 基本原理

1. 储存

对于一个现金账户系统，首先要解决的是如何记账，把账记在哪里，账户如何存储等。例如，要在中国银行存款，中国银行会为客户开立账户，开立的账户就存储在中国银行的服务器上；要在建设银行存款，建设银行会为客户开立账户，开立的账户就存储在建设银行的服务器上。如果需要转账给同一个银行的其他人的账户，就需要通过这个银行转账和结算；

如果需要转账给其他银行的其他人的账户，就需要通过银联进行转账和结算。尽管一个普通用户感知不到如此多的过程，但这些步骤确实是存在的，从这个过程中可以看到记账的账户系统是专用的，是中心化的，归某一个组织所有并维护，通常这个组织是权威的、可信赖的。比特币并没有中心化的记账系统，而是通过分布式的区块链来记载比特币的拥有权和交易信息。每个比特币的参与者都拥有一份相同的区块链副本，区块链包含着多个随着时间排序的块，后一个块通过哈希指针指向前一个块，形成一个链，通过这个指针，人们可以从链的顶端一直找到底端的第一个块，第一个块称为创世区块。除创世区块的其余每个区块都记录着前一个区块的哈希散列值，实际上是前一个节点头的哈希散列值。如果想改变一个区块包含的交易，就必须改变这个区块之后所有的交易，由于每个区块的产生是需要条件和时间的，并且条件相当苛刻，因此，一个区块一旦产生，并且被区块链的节点所接受，在这个节点之后又产生了一定数量的区块，那么这个区块基本就是不可篡改的。

区块链由多个区块组成，每个区块都是由区块头和区块体组成的，每一个区块头都包含着区块的元信息，同时也包含一个指向前一个区块头哈希值的指针，这个指针是防止区块链被篡改的关键信息。区块链工作示意图如图 2-1 所示。区块体包含比特币的交易信息，第一个交易是特殊交易，是奖励给挖矿节点的酬劳，这也是唯一一种可以产生比特币的方式，也就是发行比特币的方式，其余的交易都是转账交易，比特币从一个地址支付给另外一个地址，这也是实现比特币价值转移的唯一方式。总结来看，比特币只有发行和转账两种交易，比特币产生以后只能从一个人转账给另外一个人，而不能凭空消失，比特币发行的总量是有限的，一共 2100 万枚，因此是一种通缩性货币。

图 2-1　区块链工作示意图

2. 比特币证明归属权

区块链实际上是比特币的账本，记录着谁拥有多少比特币，只不过这个账本是保存在互联网上的、分布式的，并不由一个中心机构或者服务器来存储。有了账本，剩下的问题就是比特币的拥有者如何证明自己拥有比特币了。就像在银行开立了一个账户，当给其他人转账时，需要在 ATM 上插入卡，然后输入密码。卡相当于比特币的地址，密码相当于比特币的密钥，有了正确的地址和密钥，就可以对外宣称自己对比特币的拥有权，就可以把比特币转账给其他人。

在自助取款机（Automated Teller Machine，ATM）上提取一笔现金，会输入密码解锁账户。那么在比特币的世界里，人们如何通过私钥来校验一个地址上的比特币归属权呢？

　　比特币的归属权是通过加密领域技术来实现的，先来了解下加密领域的原理。加密领域大体上经过了 3 个阶段。第一个阶段拼的是算法，把加密逻辑写在一个非常高深的代码里，后来发现无论把多么复杂的逻辑写在代码里，总有高手可以破解。于是产生了对称密钥加密，对称密钥加密通过一个对称的密钥进行数据加密，然后传输或者保存，需要的时候再通过同一个密钥进行解密来还原原来的数据，其缺点是密钥是共享的，无法安全地保存，尤其是跨组织的场景。后来，安全科学家发明了非对称加密算法，例如，非对称算法拥有一对密钥，即一个公钥和一个私钥，私钥可以推导出公钥，但是公钥不能推导出私钥。使用公钥加密的数据，私钥可以解密；使用私钥加密的数据，公钥可以解密。如果组织 A 向组织 B 传递数据，那么组织 A 使用公钥进行加密，组织 B 使用私钥进行解密，因此，组织 B 需要小心地保存好私钥，而公钥是公开的，这是典型的非对称加密场景，能够有效地防止数据被偷窥、篡改。非对称加密还有另外一个场景，就是签名。签名是加密场景的逆向场景，商户 B 通过自己的私钥加密数据，然后把加密的数据传递给商户 A，商户 A 通过公钥进行解密，如果解密的数据正确，则说明数据是由 A 发送的，有效地保证了数据防篡改。从这两个场景可以看到，公钥是公开的，可发给任何人；私钥是私密的，是用来解密或者签名的。

　　从图 2-2 可见，现实生活中人们用钥匙打开锁头，用密码在 ATM 上提取现金，那么在比特币系统里，人们通过密钥来实现比特币的转账，实现价值的转移。更具体地讲，一笔比特币交易会把一定数量的脚本锁定在一个地址上，声明拥有这个地址的用户会通过密钥的签名来证明自己拥有这个地址，然后花费这笔比特币。这笔比特币被花费后并不会消失，而是会被锁定在其他人的地址上，其他人可以使用同样的方法来花费这笔比特币。

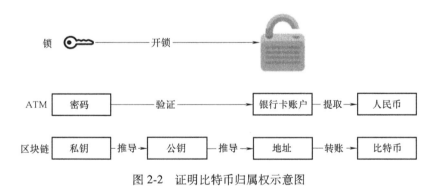

图 2-2　证明比特币归属权示意图

3. 交易原理

　　比特币使用 UTXO 模型，而不是账户/余额系统。这意味着区块链并不直接跟踪每个比特币地址的比特币余额。相反，区块链存储了比特币交易数据的整个历史，而比特币网络跟踪网络中所有 UTXO 的集合，称为 Mempool 或交易池。特定比特币地址的余额通过检查和求和与该地址相关的所有 UTXO 来计算。当使用 UTXO 时，它将从交易池中删除，这将在计算余额时反映出来。

　　如图 2-3 所示，比特币的每一笔交易都有一些输入（Input）和输出（Output）。输入是属于交易发送方的 UTXO，而交易的输出是分配给接收方的新生成的 UTXO。每个 UTXO 都使用一个锁定脚本（ScriptPubKey）锁定。这个脚本确保只有交易的预期接收者才能访问发送给他们的比特币。ScriptPubKey 由接收方公钥的哈希值（<PubKeyHash>）组成，它是接收方公钥的哈希值，与接收方的比特币地址相关。

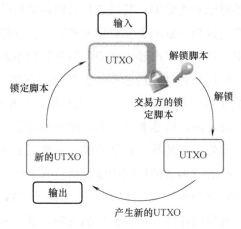

图 2-3　比特币交易的锁定和解锁机制

交易的接收者可以通过使用解锁脚本（ScriptSig）访问他们的 UTXO，该脚本被 UTXO 的接收者用来证明他们拥有 UTXO 中的比特币。ScriptSig 由使用椭圆曲线数字签名算法生成的用户比特币签名<Sig>和用户公钥<PubKey>组成。首先对<PubKey>进行哈希，并与 Script-PubKey 中的<PubKeyHash>进行比较，以检查试图访问 UTXO 的用户是否确实拥有与比特币地址关联的公钥。接下来，将<Sig>与<PubKey>进行比较，以验证用于生成比特币签名的私钥确实是生成（已正确验证）公钥的私钥。只有使用 ScriptSig 才能解锁 UTXO 并将其用作交易的输入。在生成交易的输出时，发送方再次使用接收方的 ScriptPubKey 锁定 UTXO。因此，比特币交易是一个锁定和解锁 UTXO 的连续循环。

2.2　以太坊

2.2.1　概述

以太坊是一个开源的有智能合约功能的公共区块链平台，通过其专用加密货币——以太币（Ether，ETH）提供去中心化的以太虚拟机（Ethereum Virtual Machine，EVM）来处理点对点合约。以太坊的概念首次在 2013—2014 年间由程序员 Vitalik Buterin 受比特币启发后提出，大意为"下一代加密货币与去中心化应用平台"，在 2014 年通过首次发行代币（Initial Coin Offering，ICO）众筹开始得以发展。

以太坊是一个平台，它提供了各种模块让用户来搭建应用。如果将搭建应用比作造房子，那么以太坊就提供了墙面、屋顶、地板等模块，用户只需像搭积木一样把房子搭起来即可，因此在以太坊上建立应用的成本和速度都大大改善。具体来说，以太坊通过一套图灵完备的脚本语言（Ethereum Virtual Machinecode，EVML）来建立应用，它类似于汇编语言。我们知道，直接用汇编语言编程是非常痛苦的，但以太坊里的编程并不需要直接使用 EVML，而是类似 C 语言、Python、Lisp 等的高级语言，再通过编译器转成 EVML。

上面所说的平台之上的应用，其实就是合约，这是以太坊的核心。合约是一个活在以太坊系统里的自动代理人，有自己的以太币地址，当用户向合约的地址里发送一笔交易后，该合约就被激活。根据交易中的额外信息，合约会运行自身的代码。最后返回一个结果，这个结果可能从合约的地址发出另外一笔交易。需要指出的是，以太坊中的交易，不只是发送以太币，它还可以嵌入相当多的额外信息。如果一笔交易是发送给合约的，那么这些信息就非常重要，因为合约将根据这些信息来完成自身的业务逻辑。

合约所能提供的业务，几乎是无穷无尽的，它的边界就是人们的想象力，因为图灵完备的语言提供了完整的自由度，让用户搭建各种应用，如储蓄账户、用户自定义的子货币等。

2.2.2　基本原理

以太坊合并了很多对比特币用户来说十分熟悉的特征和技术，同时自己也进行了很多修正和创新。比特币区块链纯粹是一个关于交易的列表，而以太坊的基础单元是账户。以太坊区块链跟踪每个账户的状态，所有以太坊区块链上的状态转换都是账户之间价值和信息的转移。账户分为两类：第一类为外部账户，由私人密码控制；第二类为合约账户，由它们的合约编码控制，只能由外部账户"激活"。

对于大部分用户来说，两者基本的区别在于外部账户是由人类用户掌控的——因为他们能够控制私钥，进而控制外部账户。而合约账户则是由内部编码管控的。如果它们是被人类用户"控制"的，那么也是因为程序设定它们被具有特定地址的外部账户控制，进而被持有私钥的控制外部账户的人控制着。"智能合约"这个流行的术语是指在合约账户中编码——交易被发送给该账户时所运行的程序。用户可以通过在区块链中部署编码来创建新的合约。

只有当外部账户发出指令时，合约账户才会执行相应的操作。所以合约账户不可能自发地执行诸如任意数码生成或应用程序界面调用等操作，只有受外部账户提示时，它才会做这些事。这是因为以太坊要求节点能够与运算结果保持一致。

和比特币一样，以太坊用户必须向网络支付少量交易费用。这可以使以太坊区块链免受无关紧要或恶意的运算任务干扰，例如分布式拒绝服务攻击或无限循环。交易的发送者必须在发送完交易后为整个交易周期内激活的每一个执行程序付款，包括运算和记忆储存。费用通过以太坊自有的有价代币，以以太币的形式支付。

交易费用由节点收集，节点使网络生效。这些以太坊网络中收集、传播、确认和执行交易的节点就是"矿工"。矿工们将交易分组,包括许多以太坊区块链中账户"状态"的更新,分成的组被称为"区块",矿工们会互相竞争,以使其区块可以添加到下一个区块链上。矿工每挖到一个成功的区块就会得到以太币奖励,这就为人们带来了经济激励,促使人们为以太坊网络贡献硬件和电力。

和比特币网络一样,矿工们有解决复杂数学问题的任务,以便成功地"挖"到区块。这被称为"工作量证明"。一个运算问题,如果在算法上解决,比验证解决方法需要更多数量级的资源,那么它就是工作证明的极佳选择。为防止比特币网络中已经发生的、专门硬件(如特定用途的集成电路)造成的中心化现象,以太坊选择了难以存储的运算问题。如果问题需要存储器和 CPU,那么理想的硬件是普通的计算机。这就使以太坊的工作量证明具有抗特定用途集成电路性。与比特币这种由专门硬件控制挖矿的区块链相比,以太坊能够带来更加去中心化的安全分布。

2.2.3 简单部署操作

1. 以太坊基本命令操作

(1)创建账户

```
>personal.newAccount()
```

(2)查看账户余额

```
>eth.getBalance("0xbe2f1213da9807e9d64e8ae607be1c86bd53c210")#参数为区
块链账户地址
```

(3)转账

例如,从账户"0x7d1f7be4112ce63b9de04a0bf95c1e87e430bd1b"转账一个以太币到"0x587e57a516730381958f86703b1f8e970ff445d9"。

```
>eth.sendTransaction({from:"0x7d1f7be4112ce63b9de04a0bf95c1e87e430bd1b",
to:"0x587e57a516730381958f86703b1f8e970ff445d9",
value:web3.toWei(1,"ether")})
```

当直接执行此方法时会抛出异常:

```
account is locked
at web3.js:3119:20
at web3.js:6023:15
at web3.js:4995:36
at<anonymous>:1:1
```

此异常说明需要执行账户解锁操作。

（4）解锁转出账户

```
>personal.unlockAccount ( " 0x7d1f7be4112ce63b9de04a0bf95c1e87e430bd1b ",
"111111")
```

第一个参数为转出账户，第二个参数为密码。

（5）查询操作快捷键

要在交互窗口中查看 eth 都有什么操作命令，可输入 eth，然后按两次<Tab>键，此时窗口会展示此角色的所有操作命令。

```
>eth
```

2. 简单合约编写及部署

（1）编写一个简单的合约 Sample. sol

代码示例：

```
contract Sample {
      uint public value;
          function Sample(uint v){
                  value=v;
          }
          function set(uint v){
                  value=v;
          }
          function get()constant returns(uint){
                  return value;
          }
}
```

（2）在 remix 网页编译得到 ABI 接口和合约的二进制代码

```
abi=[{"constant":true,"inputs":[],"name":"value","outputs":[{"name":"",
"type":"uint256"}]," payable ": false," type ":" function "}, { " constant ":
false,"inputs":[{"name":"v","type":"uint256"],"name":"set","outputs":
[],"payable":false,"type":"function"}, { "constant": true," inputs ": [ ],
"name":"get","outputs":[{"name":"","type":"uint256"}],"payable":false,
"type":"function"},{"inputs":[{"name":"v","type":"uint256"}],"payable":
false,"type":"constructor"}]
```

同时获得一个二进制编码 bin：

0x6060604052341561000c57fe5b60405160208061013a833981016040528080519060
020019090190505050b5b806000819055505b505b60f980610041600039600f300606060
40526000357c01000000000000000000000000000000000000000000000000000000000
0900463ffffffff1680633fa4f24514604e57806360fe47b11460715780636d4ce63c
14608e575bfe5b3415605557fe5b605b60b1565b6040518082815260200191505060
405180910390f35b3415607857fe5b608c6004808035906020019091905050600b7565b
005b3415609557fe5b609b60c2565b6040518082815260200191505060405180910390
0f35b60005481565b806000819055505b50565b6000600054905050b905600a165627a
7a72305820208c8101070c8ba5a9b32db2bf4b8062a9ba50bc2869c39ac2297938756
540e80029

（3）使用 eth. contract 来定义一个合约类

```
>sample=eth. contract(abi)
```

（4）合约代码部署上链

```
>thesample=sample. new(1,{from:eth. accounts[0],data:bin,gas:3000000})
#data 为编译好的 bin,from 为创建合约的账户
```

部署成功并被打包到区块中之后，将会看到类似如下的输出：

```
Contract mined! address:
0x3e789ab8b916317ee64f33d2b03b44e2d41ade4b
transactionHash:
0xee74bcb4461c9712ec9aca96a5a3a4c3c64be1213854d519fc8e5432b554f7a1
```

（5）查看交易细节

```
>samplerecpt=eth. getTransactionReceipt("0xee74bcb4461c9712ec9aca96a5a
3a4c3c64be1213854d519fc8e5432b554f7a1")
```

可以看到交易详细信息如下：

```
{
blockHash:"0xddba16545af882835fb9a69a0e5f3b9287c61664837d5ea0068b3857
5cb665c5",blockNumber:6246,
contractAddress: "0x7504fa9d64ab290844b82660d43b310f8fba0276",
cumulativeGasUsed: 141836,
from: "0x4c57e7e9c2f728046ddc6e96052056a241bdbd0a",
```

```
gasUsed: 141836,
logs:[],
logsBloom:
"0x0000000000000000000000000000000000000000000000000000000000000
0000000000000000000000000000000000000000000000000000000000000000
0000000000000000000000000000000000000000000000000000000000000000
0000000000000000000000000000000000000000000000000000000000000000
0000000000000000000000000000000000000000000000000000000000000000
0000000000000000000000000000000000000000000000000000000000000000
00000000000000000000000000000000",
root:"0xd1093ecaca9cc0d10e82a533a15feccedf7ff5c79fb3ebd9366ec0b35dbef478",
to: null,
transactionHash:"0xee74bcb4461c9712ec9aca96a5a3a4c3c64be1213854d519fc
8e5432b554f7a1",
transactionIndex: 0
}
```

（6）合约命名

```
>samplecontract=sample.at("0x7504fa9d64ab290844b82660d43b310f8fba0276")
#此时合约命名为 samplecontract
```

（7）合约函数调用

合约查看功能函数 get（），然后调用 set（）函数，在查看功能函数 get（）时 value 发生改变。

```
>samplecontract.get.call()
1
> samplecontract.set.sendTransaction (9, { from: eth.accounts [ 0 ], gas:
3000000})
"0x822ee6fb4caceb7e844c533f7f3bc57806f7cb3676fb3066eb848cca46b2f38a"
>samplecontract.get.call()
9
```

2.3　Hyperledger

2.3.1　概述

超级账本（Hyperledger）是 Linux 基金会主导的开源项目，旨在推动跨行业区块链技术的发展。这是一项全球合作，包括金融、物联网、制造业、供应链和技术领域的领导者。Hyperledger 不会推广单个区块链代码库或单个区块链项目，相反，它使全球开发人员社区能够一起工作并分享想法、基础架构和代码。Hyperledger 的主要任务如下：

1）创建企业级的、开源的、分布式账本框架和代码库，支持商业事务。

2）通过技术和业务的治理，为市场提供一个中立的、开放的和社区驱动的基础设施。

3）创建技术社区，开发区块链和共享账本的应用案例，进行现场试验和部署。

4）推广社区内的各子社区，可使用 Hyperledger 的带多个平台和框架的工具箱方法。

总结起来可以理解为：项目的目标是发展一个跨行业的开放式标准以及开源代码开发库，允许企业创建自定义的分布式账本解决方案，以促进区块链技术在商业中的应用。Hyperledger 的底层技术使用的是 BlockChain 区块链技术，目前包括的项目有 Fabric、STL、Iroha、Burrow、Indy、Explorer 等，主流工具包括 Cello、Composer 等。Hyperledger 超级账本组成如图 2-4 所示。

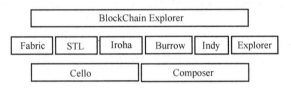

图 2-4　Hyperledger 超级账本组成

Fabric 是区块链技术的一个实现应用，它的目标是成为开发应用和解决方案的基础。Fabric 被设计为模块化架构，允许组件（如共识和成员服务模块）可以即插即用，本书 2.4 章节中会进行详细讲解。

STL 是基于 STL 协议的分布式货币交易网络，实质是搭建一个数字货币和数字货币之间以及数字货币与法定货币之间传输的去中心化网关，同时是一个分布式生态价值流通的权益证明和价值产生交换的核心。

Iroha 是一个简单的区块链平台，可用于制作可信、安全、快速的应用程序。

Burrow 是智能合约客户端，一个可以许可的智能合同机。Burrow 发布于 2014 年 12 月，首次提供了一个模块化的、带经过许可的智能合约解释器的区块链客户端，它采用了部分以太坊虚拟机（EVM）的技术规范。

Indy 是一个专门用于去中心化身份管理的分布式账本技术平台。它提供基于区块链或其他分布式账本技术的工具、代码库和模块化组件以用于独立的数字主权身份，真正实现跨账本、跨区块链应用的不同身份之间的互操作。

Explorer 是展示和查询区块链块、事务及相关的 Web 应用。Explorer 可以查看、调用、部署或者查询区块、事务和相关数据、网络信息、链码和事务序列，以及任何其他保存在账本中的相关信息。

Cello 工具集可帮助创建、管理、终止区块链。Cello 的目标是将按需的"即服务"部署模式带给区块链生态系统，减少创建、管理和终止区块链所需要的工作量。

Composer 是一个协同工具，用以创建区块链业务网络，加速智能合约及其跨分布式账本部署的发展。

2.3.2　原理

超级账本的底层原理是区块链技术原理。在区块链中每输入一个数据，都会记录在一个区块中。一个个彼此嵌合的区块，最终构成了区块链。区块链主要由交易、区块、链、共识、时间戳组成。区块链是一个分布式数据库，没有中心权限，也没有信任点。当要共享一个数据库，但对可能使用它的人没有太多信任时，区块链会非常有用。

分布式账本对于不同的用例可以有不同的需求。例如，当参与者共享高水平的信任时，如金融机构之间有法律协议，那么区块链可以通过使用更快速的共识算法，以更短的确认时间向链中添加区块。当参与者之间的信任水平很低时，他们必须容忍较慢的处理以增加安全性。

Hyperledger 包含了各种各样的用例。人们认识到，不同的企业场景对确认时间、去中心化、信任和其他问题有不同的要求，每个问题都代表了技术的潜在"优化点"。为了解决这种多样性，所有 Hyperledger 项目都遵循相同的设计理念：模块化、高度安全、可互操作、加密货币不可知、配有应用开发接口（Application Programming Interface，API）。

1）模块化。Hyperledger 正在开发模块化的、可扩展的框架，其中包含可重用的公共构建块。这种模块化方法可使开发人员能够在不同类型的组件演化时进行试验，并在不影响系统其余部分的情况下更改单个组件。这有助于开发人员创建组件，这些组件可以组合起来以制定适合不同需求的分布式账本解决方案。这种模块化方法还意味着不同的开发人员社区可以在不同的模块上独立工作，并跨多个项目重用公共模块。

2）高度安全。安全性是分布式账本的一个关键考虑因素，因为许多用例涉及高价值事务或敏感数据。分布式分类库具有庞大的代码库、多个网络节点和宝贵的数据流，成为网络攻击者的主要目标。保护区块链是一项相当困难的任务：分布式分类库必须提供一系列功能来抵抗持久的对手。安全性和低风险性是使企业级区块链得以发展的关键，并为下一代业务网络提供关键基础设施。

3）可互操作。未来，许多不同的区块链网络将需要通信和交换数据，以形成更加复杂和强大的网络。在 Hyperledger，大多数智能合约和应用程序应该能够跨许多不同的区块链网络进行移植。这种高度的互操作性将有助于区块链和分布式账本技术越来越多地被采用。

4）加密货币不可知。Hyperledger 不是为了发行或管理任何加密货币，所以永远不会发行自己的加密货币。然而，设计理念包括创建用于管理数字对象的令牌的能力，该令牌可以表示货币，但这不是网络运行所必需的。

5）配有应用开发接口。所有 Hyperledger 项目都提供了丰富且易于使用的 API，支持与其他系统的互操作性。一组定义良好的 API 使外部客户机和应用程序能够快速、轻松地与

Hyperledger 的核心分布式账本基础设施进行交互。这些 API 支持丰富的开发者生态系统的增长，并帮助区块链和分布式账本技术在广泛的行业和用例中扩散。

超级账本与比特币及以太坊的 4 点区别：

1）超级账本不基于数字加密货币。

2）超级账本基于授权的区块链网络（联盟链）（Hyperledger Sawtooth 框架也同时支持未授权）。

3）超级账本的整体设计趋于模块化，方便功能的插拔及定制化。

4）超级账本的共识机制有多种选择，但都不同于其他两种公有链使用的工作量证明算法。

2.4 Hyperledger Fabric

2.4.1 概述

Hyperledger Fabric 是一个提供分布式账本解决方案的平台。Fabric 由模块化架构支撑，并具备极佳的保密性、可伸缩性、灵活性和可扩展性。Fabric 被设计成支持不同的模块组件，可直接拔插启用，并能在经济生态系统中适应错综复杂的各种场景。Fabric 提供了一个独特的可伸缩、可扩展的架构，这也是 Fabric 与其他区块链解决方案的显著区别。

Fabric 是 Hyperledger 中的一个区块链项目。与其他区块链技术类似，Fabric 包含一个账本，使用智能合约，是一个通过所有参与者管理交易的系统。Fabric 与其他区块链系统最大的不同体现在私有和许可上。与开放无须许可的网络系统允许未知身份的参与者加入网络不同（需要通过工作量证明协议来保证交易有效并维护网络的安全），Fabric 通过会员服务提供者（Membership Service Provider，MSP）来登记所有的成员。Fabric 提供了多个可拔插选项。账本数据可被存储为多种格式，共识机制可被接入或者断开，同时支持多种不同的 MSP。Fabric 提供了建立通道（Channel）的功能，这允许参与者为交易新建一个单独的账本。当网络中的一些参与者是竞争对手时，这个功能变得尤为重要。因为这些参与者并不希望所有的交易信息，如提供给部分客户的特定价格信息，都对网络中的所有参与者公开。只有在同一个通道中的参与者，才会拥有该通道中的账本，而其他不在此通道中的参与者则看不到这个账本。

1. 共享账本

Fabric 包含一个账本子系统，这个子系统包含两个组件：世界状态（World State）和交易记录。Fabric 网络中的每一个参与者都拥有一个账本的副本。世界状态组件描述了账本在特定时间点的状态，它是账本的数据库。交易记录组件记录了产生世界状态当前值的所有交易，它是世界状态的更新历史。那么，账本则是世界状态数据库和交易历史记录的集合。账本的世界状态存储数据库是可更换的。默认配置下，这是一个 Key-Value 存储数据库。交易记录模块不需要被接入，只需要记录区块链网络中账本数据库被使用之前和之后的值就可以了。

2. 智能合约

Fabric 智能合约被称为链码（Chaincode），当区块链外部的应用程序需要访问账本时，就会调用 Chaincode。大多数情况下，Chaincode 只会访问账本的数据库组件和世界状态，如查询，但不会查询交易记录。Chaincode 可通过不同的编程语言实现。目前支持 Chaincode 的语言是 Go（包含对 Java 的支持），更多的编程语言会在今后的版本中获得支持。

3. 隐私

根据网络的需求，企业间商业网络中的参与者会对信息共享的程度极为敏感。然而，对于其他的网络，隐私并不是首要考虑的因素。Fabric 支持构建隐私保护严格的网络，也支持构建相对开放的网络。

4. 共识

在网络中，不同的参与者必须按照产生顺序将写入的交易依次写入账本中。要实现这一目标，交易顺序必须被正确建立，并且必须包含拒绝错误（或者恶意）插入账本中的无效交易的方法。这完全是计算机科学的研究领域，可以有多种方法实现上面提到的目标，这些方法各有优缺点。例如，实用的拜占庭容错可以为文件副本提供一种机制来相互通信，即使是在发生腐败的情况下，也可以保证副本保持一致。另外，在比特币中，通过一种称为挖矿的行为进行排序。在挖矿过程中，竞争的计算机竞相解决一个密码难题，这个谜题定义了所有后续的构建顺序。Fabric 被设计为允许网络构建者依据业务需求来选择采用的共识机制。更多的 Fabric 共识机制会在另一份文档中详细描述，这些共识机制目前包含 SOLO、Kafka 以及后续会添加的简化的拜占庭容错（Simplified Byzantine Fault Tolerance，SBFT）。

2.4.2　原理

1. Fabric 中的组件/术语

Ledger（账本）：用来保存交易信息和智能合约代码。

Network：交易处理节点之间的 P2P 网络，用于维持区块链账本的一致性。

World State：显示当前资产数据的状态，底层通过 LevelDB 和 CouchDB 数据库将区块链中的资产信息组织起来，提供高效的数据访问接口。

Client：应用客户端，用于将终端用户的交易请求发送到区块链网络。

Peers：负责维护区块链账本，分为 Endoring Peers 和 Committing Peers。其中，Endoring Peers 中的节点统称为 Endorser，Endorser 为交易做背书（验证交易并对交易签名）；Committing Peers 中的节点统称为 Committer，Committer 接收打包好的区块，然后写入区块链中。Peers 节点是一个逻辑的概念，Endorser 和 Committer 可以同时部署在一台物理机上。

Ordering Service：接收交易信息，并将其排序后打包成区块，放入区块链，最后将结果返回给 Committing Peers。

MSP：管理认证信息，为 Client 和 Peers 提供授权服务。

2. Fabric1.0 架构

Fabric1.0 的架构如图 2-5 所示。

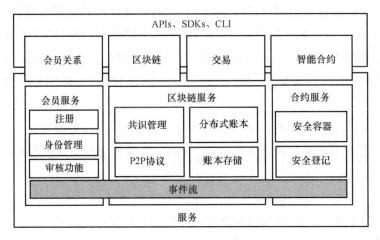

图 2-5　Fabric1.0 架构

在 Fabric 架构中，会员关系是指区块链网络中不同组织之间的参与和合作关系，而会员服务则是提供给这些会员的一系列功能和服务。其中，对于注册功能，Fabric 是目前为止在设计上最贴近联盟链思想的区块链，联盟链考虑到商业应用对安全、隐私、监管、审计、性能的需求，从而提高了准入门槛，成员必须被许可才能加入网络进行注册，成为会员。审核功能指的是为整个区块链网络成员提供隐私、保密和审计的服务，通过公钥基础设施（PKI）和去中心化共识机制使得非许可的区块链变成许可制的区块链。会员关系和会员服务在 Fabric 架构中相互配合，为不同组织提供了一个共享的区块链平台，使其能够更加高效地参与和利用区块链技术。通过这些功能和服务，会员可以实现跨组织的数据交换、业务协作和价值转移，推动区块链在各个行业和领域的应用及创新。

在 Fabric 中，区块链是一个由多个区块组成的分布式账本，用于存储和记录交易数据。每个区块都包含一批已经被验证和排序的交易，并通过密码学哈希链接到前一个区块，形成一个不可篡改的链式结构。交易是指参与者之间的价值转移或状态转换操作。交易可以包括支付、资产转移、合约执行等行为。这些交易必须经过验证和排序，并被记录在区块链中以确保数据的一致性和可追溯性。通过 Fabric 架构中的区块链和交易机制，成员可以安全地进行交易，并确保交易的可追溯性和一致性。Fabric 上的交易分两种：部署交易和调用交易。部署交易是把链码部署到 Peer 节点上并准备好被调用。当一个部署交易成功执行时，链码就被部署到各个 Peer 节点上。好比把一个网络服务部署到应用服务器的不同实例上。调用交易则是客户端应用程序通过 Fabric 提供的 API 调用先前已部署好的某个链码的某个函数来执行交易，并相应地读取和写入 Key-Value 数据库，返回是否成功或者失败。

整个过程中区块链服务提供保障，其功能分别是共识管理、分布式账本、P2P 协议、账本存储。Fabric 使用建立在 HTTP/2 上的 P2P 网络协议来管理分布式账本。采用可插拔共识机制根据实际案例需求设置共识协议，常见的共识协议有 SBFT、Kafka、工作量证明和权益证明等。分布式账本是结构中所有状态转换的有序防篡改的记录。状态转换是参与方提交的链码调用"交易"的结果。每笔交易都会产生一组资产键值对，这些键值对会在创建、更新或删除时提交到分布式账本。分布式账本由一个区块链和一个状态数据库组成，该区块链将不可变的顺序记录存储在块中，该状态数据库用于维护当前的结构状态。每个频道都有一个分布式账本。每个对等方都为其所属的每个通道维护一个分布式账本的副本。

Fabric 分布式账本的一些功能：

1）使用基于键的查找、范围查询、组合键查询来查询和更新分布式账本。

2）使用查询语言的只读查询（如使用 CouchDB 作为状态数据库）。

3）只读历史记录查询密钥的分布式账本历史记录，从而启用数据出处场景。

4）事务包括以链码（读集）读取的键值的版本和以链码（写集）写入的键值的版本。

5）交易包含每个背书对等方的签名，并提交给订购服务。

6）交易被分为几大块，并通过订购服务"交付"给渠道上的对等方。

7）对等方根据背书政策验证交易并执行政策。

8）在附加块之前执行版本检查，以确保自链码执行以来已读取资产的状态未发生变化。

9）交易一旦经过验证并提交便具有不变性。

10）通道的分布式账本包含一个配置块，用于定义策略、访问控制列表和其他相关信息。

11）通道包含成员资格服务并提供程序实例，允许从不同的证书颁发机构派生加密材料。

Fabric 的智能合约，也就是链码，是一段代码，它处理网络成员所同意的业务逻辑。链码是定义一项或多项资产的软件，以及用于修改资产的交易指令，换句话说，是业务逻辑。链码强制执行用于读取或更改键值对或其他状态数据库信息的规则。链码功能针对分布式账本的当前状态数据库执行，并通过交易建议启动。链码执行时产生了一组键值操作（写集），这些键值对的写操作可以提交给网络，并应用于所有对等方的分布式账本中。和以太坊相比，Fabric 链码和底层账本是分开的，升级链码时并不需要迁移账本数据到新链码当中，真正实现了逻辑与数据的分离。链码可采用 Go、Java、Node.js 语言编写。链码被编译成一个独立的应用程序，Fabric 用 Docker 容器来运行链码，里面的 Base 镜像都是经过签名验证的安全镜像，包括 OS 层和开发链码的语言、Runtime 和 SDK 层。一旦链码容器被启动，就会通过 gRPC 与启动这个链码的节点连接。

API、Event、SDK 都是 Fabric 提供的 API，可方便应用开发，服务端的链码目前支持用 Go、Java 或者 Node.js 开发。客户端应用目前提供 Node.js 和 Java SDK，未来计划提供 Python 和 Go SDK，Fabric 还提供自由接口。对于开发者，还可以通过 Client 快速测试链码，或者查询交易状态。在区块链网络里，节点和链码会发送事件（Event）来触发一些监听动作，方便与其他外部系统的集成。

Fabric 可以分为 7 层，分别是存储层、数据层、通道层、网络层、共识层、合约层、应用层，如图 2-6 所示。

图 2-6　Fabric 分层结构

3. Fabric v1.0 架构特点

分拆 Peer 的功能，将 BlockChain 的数据维护和共识服务进行分离，共识服务从 Peer 节点中完全分离出来，独立为 Orderer 节点提供共识服务，基于新的架构实现多通道的结构，实现了更为灵活的业务适应性（业务隔离、安全性等方面），支持更强的配置功能和策略管理功能，进一步增强系统的灵活性和适应性。

4. Fabric v1.0 版本的架构目标

从 Fabric 新架构设计的建议文档看，v1.0 版本的设计目标如下：

1）链码信任的灵活性：支持多个 Ordering 服务节点，增强共识的容错能力和对抗 Orderer 作恶的能力。

2）扩展性：将 Endorsement 和 Ordering 进行分离，实现多通道（实际是分区）结构，增强系统的扩展性；同时也将链码执行、Ledger 和 State 维护等非常消耗系统性能的任务与共识任务分离，保证了关键任务的可靠执行。

3）保密性：新架构对于链码在数据更新、状态维护等方面提供了新的保密性要求，可提高系统业务、安全方面的能力。

4）共识服务的模块化：支持可插拔的共识结构，支持多种共识服务的接入和实现。

5. 多链与多通道

Fabric v1.0 的重要特征是支持多链和多通道。所谓的链，实际上是包含 Peer 节点、账本、Ordering 通道的逻辑结构，它将参与者与数据（包含链码）进行隔离，满足了不同业务场景下的不同的人访问不同数据的基本要求。同时，一个 Peer 节点也可以参与到多个链中（通过接入多个通道）。多链与多通道如图 2-7 所示。

通道是由共识服务（Ordering）提供的一种通信机制，类似于消息系统中"发布—订阅"的主题。基于这种"发布—订阅"关系，将 Peer 和 Orderer 连接在一起，形成一个个具有保密性的通信链路（虚拟），实现了业务隔离的要求。通道也与账本、状态紧密相关。

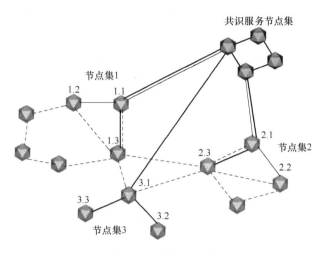

图 2-7　多链与多通道

共识服务与（Peer 1、Peer 2）、（Peer 1、Peer 2、Peer 3）、（Peer 2、Peer3）组成了 3 个相互独立的通道，加入不同通道的 Peer 节点能够维护各个通道对应的账本和状态。总体交易流程如图 2-8 所示。

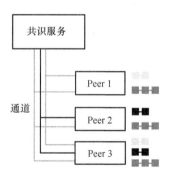

图 2-8　总体交易流程

应用程序通过 SDK 发送请求到 Peer 节点（一个或多个），Peer 节点分别执行交易（通过 Chaincode），但是并不将执行结果提交到本地的账本中（可以认为是模拟执行，交易处于挂起状态），参与背书的 Peer 将执行结果返回给应用程序（其中包括自身对背书结果的签名），应用程序收集背书结果并将结果提交给 Ordering 服务节点，Ordering 服务节点执行共识过程并生成区块，通过消息通道发布给 Peer 节点，由 Peer 节点各自验证交易并提交到本地的 Ledger 中（包括 State 状态的变化）。

交易的详细流程：

1）客户端通过 SDK 接口向 Endorsing Peer 节点发送交易信息，如图 2-9 所示。

2）每个 Endorsing Peer 节点模拟处理交易，此时并不会将交易信息写入账本，如图 2-10 所示。

Endorsing Peer 会验证交易信息的合法性，并对交易信息签名，然后返回给 Client。此时的交易信息只在 Client 和单个 Endorsing Peer 之间达成共识，并没有完成全网共识，各个 Client 的交易顺序没有确定，可能存在双花问题，所以还不能算是一个"有效的交易"。同时，Client 收到"大多数"Endorsing Peer 的验证回复，才算验证成功，具体的背书策略由智能合约代码控制，可以由开发者自由配置。

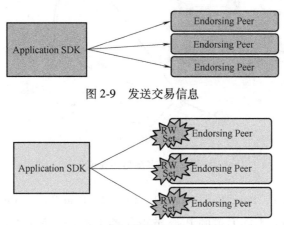

图 2-9　发送交易信息

图 2-10　模拟处理交易

3）Client 将签名后的交易信息发送给 Ordering Service 集群以进行交易排序和打包，如图 2-11 所示。Ordering Service 集群通过共识算法对所有交易信息进行排序，然后打包成区块。Ordering Service 的共识算法是以组件化形态插入 Hyperledger 系统的，也就是说开发者可以自由选择合适的共识算法。

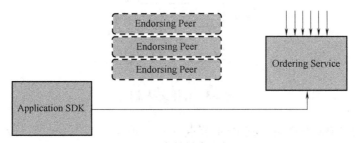

图 2-11　交易排序和打包

4）Ordering Service 将排序和打包后的区块广播发送给 Committing Peer，由其做最后的交易验证，并写入区块链，如图 2-12 所示。Ordering Service 只是决定交易处理的顺序，并不对交易的合法性进行校验，也不负责维护账本信息。只有 Committing Peer 才有账本写入权限。

图 2-12　交易验证

2.4.3　简单部署操作

在 Ubuntu 18.05 本地编译 Fabric 2.2.0 版本。

（1）安装 Git、Curl、Pip

Git、Curl、Pip 是下载 Fabric 源码必要的工具。

```
sudo apt-get install git
sudo apt-get install curl
sudo apt-get install python-pip
pip install--upgrade pip
```

（2）安装 Go

```
wget https://storage. googleapis. com/golang/go1. 14. 4. linux-amd64. tar. gz
sudo tar-C/usr/local-xzf go1. 14. 4. linux-amd64. tar. gz
```

将 Go 添加到环境变量中：

```
vi ~/. profile　按下<I>键,输入以下内容后按下<Esc>键,输入"wq!",保存并退出
export PATH= $ PATH:/usr/local/go/bin
export GOROOT=/usr/local/go
export GOPATH= $ HOME/go
export PATH= $ PATH: $ HOME/go/bin
```

载入环境：

```
source~/. profile
```

创建 Go 目录，下载编译 Fabric 所需的工具包：

```
mkdir go
cd go
git clone https://github. com/golang/tools. git
```

下载并安装 Fabric 可能需要的工具：

```
go get github. com/kardianos/govendor
go get github. com/golang/lint/golint
go get golang. org/x/tools/cmd/goimports
go get github. com/onsi/ginkgo/ginkgo
go get github. com/axw/gocov/...
go get github. com/client9/misspell/cmd/misspell
go get github. com/AlekSi/gocov-xml
go get github. com/golang/protobuf/protoc-gen-go
```

（3）安装第三方库

在 Fabric 依赖的第三方库中，有些库又依赖了其他库，而这些库是需要事先手动准备好的。例如 libltdl-dev，这是 PKCS11 用到的一个库，需要先进行安装：

```
sudo apt-get install libltdl-dev
```

（4）安装 Docker

卸载旧版本 Docker：

```
sudo apt-get remove docker docker-engine docker.io
```

更新系统软件：

```
sudo apt-get update
```

安装依赖包：

```
sudo apt-get install apt-transport-https ca-certificates curl software-properties-common
```

添加官方密钥，执行该操作时，如果长时间没有响应，则说明网络连接不到 Docker 网站，需要使用代理进行：

```
curl -fsSL https://download.docker.com/linux/ubuntu/gpg | sudo apt-key add-
```

添加仓库：

```
sudo add-apt-repository "deb [arch=amd64] https://download.docker.com/linux/ubuntu $(lsb_release-cs) stable"
```

再次更新软件：

```
sudo apt-get update
```

安装最新版本的 Docker：

```
sudo apt-get install docker-ce
```

（5）安装 Docker-compose

从 GitHub 拉取 Docker-compose 至本地：

```
sudo curl -L
 https://github.com/docker/compose/releases/download/1.17.0/docker-compose-`uname -s`-`uname -m`-o/usr/local/bin/docker-compose
 sudo chmod+x/usr/local/bin/docker-compose
```

查看版本信息：

```
docker-compose -version
```

（6）下载 Fabric 源码

创建 hyperledger 文件夹：

```
mkdir hyperledger
cd hyperledger
git clone https://github.com/hyperledger/fabric.git
```

选择 v2.2.0 版本的源码：

```
cd hyperledger/fabric
git checkout v2.2.0
```

开始编译：

```
make release
```

（7）下载 Fabric Docker 的镜像

先安装最新版本的 Nodejs：

```
curl -sL https://deb.nodesource.com/setup_12.x | sudo-E bash-
sudo apt-get install -y nodejs
```

更新 npm：

```
npm install -g npm
```

下载源码：

```
cd hyperledger/fabric/scripts
./bootstrap.sh
```

执行完，在 scripts 目录下会多一个 fabric-samples 目录。

（8）启动 Fabric 网络

转至 Fabric 网络目录：

```
cd hyperledger/fabric/scripts/fabric-samples/test-network
./network.sh up
```

建立通道：

```
./network.sh createChannel
```

在通道上启动链码：

```
./network. sh deployCC
```

运行之前需要设置 Go 代理：

```
./network. sh deployCC -ccn basic -ccp ../asset-transfer-basic/chaincode-go
-ccl go
```

与网络交互命令：

```
./network. sh up
./network. sh createChannel
./network. sh deployCC -ccn basic -ccp ../asset-transfer-basic/chaincode-
go-ccl go
./network. sh down
```

将二进制文件添加到 CLI 路径：

```
export PATH=${PWD}/../bin:${PWD}:$PATH
```

设置 FABRIC_CFG_PATH 指向存储库中的 fabric-samples. yaml：

```
export FABRIC_CFG_PATH=$PWD/../config/fabric-samples. yaml
```

设置环境变量，以允许人们以 Peer Org1 的形式操作 CLI：

```
# Environment variables for Org1
export CORE_PEER_TLS_ENABLED=true
export CORE_PEER_LOCALMSPID=" Org1MSP"
export
CORE_PEER_TLS_ROOTCERT_FILE=${PWD}/organizations/peerOrganizations/
org1. example. com/peers/peer0. org1. example. com/tls/ca. crt
export
CORE_PEER_MSPCONFIGPATH=${PWD}/organizations/peerOrganizations/org1.
example. com/users/Admin@org1. example. com/msp
export CORE_PEER_ADDRESS=localhost: 7051
```

获取已添加到通道分布式账本中的汽车列表：

```
peer chaincode query -C mychannel -n fabcar -c'{"Args":["queryAllCars"]}'
```

（9）做一个 Fabcar 的 Demo 进行体验

进入源码提供的 fabcar 范例目录下：

```
cd hyperledger/fabric/scripts/fabric-samples/fabcar
```

开启脚本：

```
./startFabric. sh
```

利用 SDK 与 Fabric 网络交互，可以选择 JavaScript、TypeScript、Java、Go 语言与网络交互，这里选择 Nodejs。

在 Fabric 网络中注册一个管理员和一个用户，它们分别执行不同的操作和访问不同的资源：

```
cd javascript
npm install
node enrollAdmin.js
node registerUser.js
```

执行交易：

```
node invoke.js
```

查询交易：

```
node query.js
```

通过 Peer 命令的方式执行链码查询：

```
peer chaincode query -C mychannel -n fabcar -c'{"Args":["queryAllCars"]}'
```

接下来进行核对，通过 SDK 调用查询的交易信息与通过命令查询的交易信息是否一致。

【思考题】

1. 区块链的这些顶级项目各自适应于什么场景？如果你是开发者，你能借助这些项目解决什么实际问题？

2. 目前区块链的热潮仍集中在炒币，还有什么巨大的市场吗？

3. 区块链的发展离不开密码学以及网络安全，区块链的发展离得开网络安全技术吗？

4. 你对 P2P 模式有什么看法？

第 3 章
XuperChain 介绍

3.1　XuperChain 的发展历程

2017 年，百度区块链研发团队基于区块链技术基础开发出了 XuperChain 1.0，此时的 XuperChain 1.0 作为行业首个资产支持证券（Asset Backed Securities，ABS）项目，打下了百度进入区块链产业的信心。2018 年，XuperChain 2.0 诞生，相较于 XuperChain 1.0，XuperChain 2.0 在技术迭代方面参考了 Fabric、以太坊等成熟项目，拓展了链内并行技术、可插拔共识机制、一体化智能合约、立体网络技术四大核心技术支持，产品建设方面也出现了区块链即服务（BlockChain as a Service，BaaS）平台，发布《百度区块链白皮书 1.0》。另外，在落地项目上，更有标杆级别的阳澄湖大闸蟹溯源系统以及北京互联网法院等，将百度在区块链领域的优势逐步引入其他有需求的产业。

2019 年，XuperChain 3.0 正式开源，全球范围内开发者生态初具雏形，由此诞生的产品建设有区块链存证平台、开放网络以及数据协同平台，同期标杆应用有重庆电子处方流转平台、广告监播平台、百信银行金融清算平台等。2020 年，势头迅猛的 XuperChain 更是迭代至 5.0 版本，同年，本着开源奉献的原则，百度将 XuperChain 5.0 正式捐赠给中国开放原子（OpenAtom）开源基金会，此时的 XuperChain 逐渐成熟化、多样化，具有开放易用、动态内核、高模块化的领先优势。

这里所介绍的 XuperChain 是百度自主研发的具备强大网络吞吐力和高并发通用智能合约处理能力的区块链 3.0 解决方案。基于可插拔的共识机制、有向无环图（Directed Acyclic Graph，DAG）可并行计算网络和立体网络，真正突破当前区块链的技术瓶颈，为区块链的广泛应用铺平道路。

XuperChain 最大可能性地兼容比特币和以太坊生态，对区块链开发者友好，且迁移门槛低。XuperChain 的全球化部署是 XuperChain 公信力的基础，有具备强大性能的超级节点，参与记账权竞争，保证了全网运行的效率；而其他轻量级节点作为监督节点，可监控超级节点履行职责，从而形成更具公信力的自治的区块链操作系统[⊖]。其产品体系如图 3-1 所示。

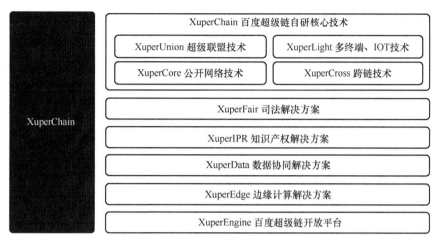

图 3-1　XuperChain 产品体系

一般而言，区块链系统都具备三大件：分布式账本、合约引擎、共识处理器。分布式账本解决的是数据的存储问题，例如，数据怎么持久化到存储介质，数据怎么组织，数据的校验、更新、查询等。合约引擎解决的是计算问题，能够将数据和合约字节码从账本加载到虚拟机，进行运算之后，将产生的数据变更再写入账本。共识处理器解决的是一致性问题，区块链是 P2P 的网络集群，由于传输有延迟、不稳定、节点作恶等原因，最终需要通过共识处理器保障：集群中所有节点存储的数据是一致的，计算结果也是一致的。在 XuperChain 的架构设计中，这三大件都具备可插拔能力。XuperChain 整体架构如图 3-2 所示。

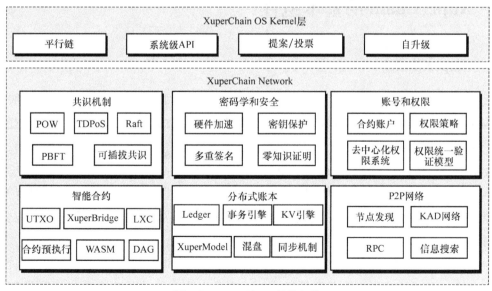

图 3-2　XuperChain 整体架构

⊖　开源地址：https://github.com/xuperchain/xuperunion。

经过测试，XuperChain 的某些指标体现出了良好的性能优势，XuperChain 的指标优势及核心技术专利如图 3-3 所示。

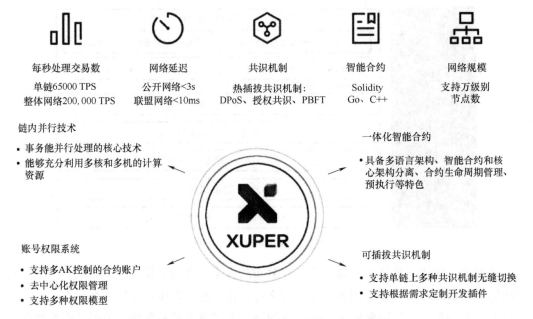

每秒处理交易数

单链65000 TPS
整体网络200,000 TPS

网络延迟

公开网络<3s
联盟网络<10ms

共识机制

热插拔共识机制：
DPoS、授权共识、PBFT

智能合约

Solidity
Go、C++

网络规模

支持万级别
节点数

链内并行技术
- 事务能并行处理的核心技术
- 能够充分利用多核和多机的计算资源

一体化智能合约
- 具备多语言架构、智能合约和核心架构分离、合约生命周期管理、预执行等特色

账号权限系统
- 支持多AK控制的合约账户
- 去中心化权限管理
- 支持多种权限模型

可插拔共识机制
- 支持单链上多种共识机制无缝切换
- 支持根据需求定制开发插件

图 3-3　XuperChain 的指标优势及核心技术专利

XuperChain 已经吸引了全球范围的行业爱好者以及研发人员参与共建技术生态圈，不仅可以将 XuperChain 进一步完善加强，也有助于 XuperChain 更快、更广地为各行各业提供服务。

3.2　XuperChain 的基本组件

3.2.1　XuperModel

XuperChain 能够支持合约链内并行的很大原因是其底层自研的 XuperModel 数据模型。XuperModel 是一个带版本的存储模型，支持读写集生成。该模型是比特币 UTXO 模型的一个演变。在比特币的 UTXO 模型中，每个交易都需要在输入字段中引用早期交易的输出，以证明资金来源。同样，在 XuperModel 中，每个事务读取的数据都需要引用上一个事务写入的数据。在 XuperModel 中，事务的输入表示在执行智能合约期间读取的数据源，即事务的输出来源。事务的输出表示事务写入状态数据库的数据，这些数据在未来事务执行智能合约时将被引用。XuperModel 事务如图 3-4 所示。

为了在运行时获取合约的读写集，在预执行每个合约时，XuperModel 为其提供智能缓存（Cache）。该缓存对状态数据库是只读的，它可以为合约的预执行生成读写集和结果。验证合约时，验证节点根据事务内容初始化缓存实例。节点将再次执行一次合约，但此时合约只能从读集读取数据。同样，写入数据也会在写集中生效。当生成的写集和事务携带的写

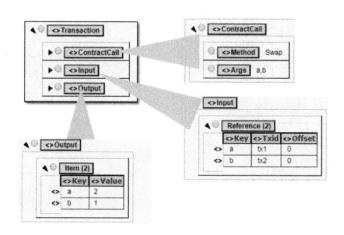

图 3-4　XuperModel 事务

集一致时合约验证通过，将事务写入账本。如图 3-5 所示，图中左边部分是合约预执行时的示意图，右边部分是合约验证时的示意图。

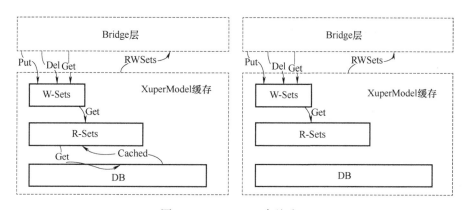

图 3-5　XuperModel 合约验证

3.2.2　XuperBridge

1. 内核调用设计

XuperBridge 可为所有合约提供统一的合约接口，类似于 Linux 内核为应用程序提供的接口，内核代码就是一份应用程序，可以用各种语言实现，如 Go、C 语言。

如 Key-Value 访问、QueryBlock、QueryTx 等，这些请求都会通过与 XChain 通信的方式来执行，这样在其上实现的各种合约虚拟机只需要执行纯粹的无状态合约代码即可。Xuper-Bridge 如图 3-6 所示。

（1）合约与 XChain 进程的双向通信

XChain 进程需要调用合约虚拟机来执行具体的合约代码，合约虚拟机也需要与 XChain 进程通信来进行具体的系统调用，如 Key-Value 获取等，这是一个双向通信的过程，如图 3-7 所示。

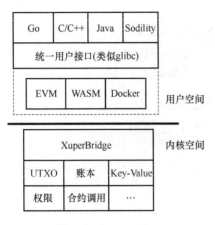

图 3-6　XuperBridge

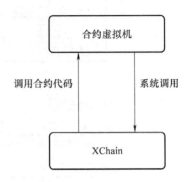

图 3-7　合约双向通信

这种双向通信在不同虚拟机里面有不同的实现：

在启动了 Docker 容器服务的情况下，由于本地（Native）合约是运行在 Docker 容器里面的独立进程，因此涉及跨进程通信，这里选用了 TCP 作为跨进程通信的传输层，XChain 在启动合约进程时把系统调用（Syscall）的 Socket 地址以及合约进程的 Socket 地址传递给合约进程，合约进程一方面监听在 Unix Socket 上等待 XChain 调用自己来运行合约代码，另一方面通过 XChain 的 TCP 创建一个指向 XChain

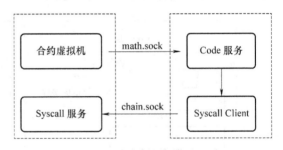

图 3-8　合约 Socket

Syscall 服务的 GRPC 客户端来进行系统调用。合约 Socket 如图 3-8 所示。

WASM 虚拟机中的情况有所不同，WASM 虚拟机是以 library 的方式链接到 XChain 二进制中的，所以虚拟机和 XChain 在一个进程空间。通信是在 XChain 和 WASM 虚拟机之间进行的，这里涉及 XChain 的数据与虚拟机中的数据进行交换，在实现上是通过 WASM 自己的模块机制实现的。XChain 实现了一个虚拟的 WASM 模块，合约代码执行到外部模块调用时就转到对应的 XChain 函数调用。XChain 和合约代码的地址空间不一样，还涉及序列化和反序列化的动作。WASM 合约模块如图 3-9 所示。

（2）PB 接口

PB 接口函数如下：

```
service NativeCode {
    Rpc Call(CallRequest)returns(CallResponse);
}
```

XChain 暴露的 Syscall 接口：

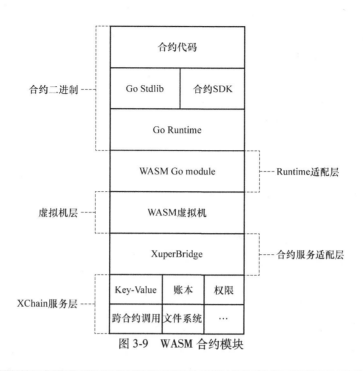

图 3-9　WASM 合约模块

```
service Syscall {
    //键值对服务
    rpc PutObject(PutRequest)returns(PutResponse);
    rpc GetObject(GetRequest)returns(GetResponse);
    rpc DeleteObject(DeleteRequest)returns(DeleteResponse);
    rpc NewIterator(IteratorRequest)returns(IteratorResponse);
    //链服务
    rpc QueryTx(QueryTxRequest)returns(QueryTxResponse);
    rpc QueryBlock(QueryBlockRequest)returns(QueryBlockResponse);
    rpc Transfer(TransferRequest)returns(TransferResponse);
}
```

2. Key-Value 接口和读写集

合约每次执行的产出都为一系列 Key-Value 操作的读写集。

Key-Value 的接口代码：

```
GetObject(key)
PutObject(key,value)
DeleteObject(key)
NewIterator(start,limit)
```

各个接口对读写集的影响：

1）Get 会生成一个读请求。

2）Put 会产生一个读加一个写。

3）Delete 会产生一个读加一个特殊的写（TODO）。

4）Iterator 会对迭代的 Key 产生读效果。

5）读请求不会读到最新的变更。

6）读请求会读到最新的自己的写请求（包括删除）的变更。

7）写请求在提交前不会被其他合约读到。

8）新写入的会被迭代器读到。

3. 合约上下文

每次合约运行都会有一个伴随合约执行的上下文（Context）对象，上下文里面保存了合约的 Key-Value 缓存对象，可运行参数、输出结果等。上下文用于隔离多个合约的执行，也便于合约的并发执行。

（1）上下文的创建和销毁

上下文在合约虚拟机每次执行合约时创建。每个上下文都有一个 id。这个 id 由合约虚拟机维护，在 XChain 启动时置 0。每次创建一个上下文对象，id 加 1。合约虚拟机保存了 id 到上下文对象的映射。id 会传递给合约虚拟机，Docker 中的即是合约进程，在之后的合约发起的 Key-Value 调用过程中需要带上这个 id 来标识本次合约调用以找到对应的上下文对象。

上下文的销毁时机比较重要，因为人们还需要从上下文对象里面获取合约执行过程中的响应以及读写集，因此有两种解决方案：一种是由调用合约的地方管理，这是 Xuper3 里面的做法；另一种是统一销毁，这是目前的做法，在打包成块并结束调用 Finalize 函数时统一销毁这个块里面的所有合约上下文对象。

（2）合约上下文的操作

1）NewContext 创建一个上下文，需要合约的参数等信息。

2）Invoke 运行一个上下文，这一步是执行合约的过程，合约执行的结果会存储在上下文里面。

3）Release 销毁上下文，上下文持有的所有资源得到释放。

3.2.3　XVM 虚拟机

XVM 为合约提供一个稳定的沙盒运行环境，有隔离性、确定性、可停止性、运行速度尽量快等优点。

1. WASM 简介

WASM 是 Web Assembly 的缩写，是一种运行在浏览器上的字节码，用于解决 JavaScript 在浏览器上的性能不足的问题。WASM 的指令与机器码很相似，因此很多高级语言如 C、C++、Go、Rust 等都可以编译成 WASM 字节码，从而可以运行在浏览器上。很多性能相关的模块可以用 C/C++来编写，再编译成 WASM 来提高性能，如视频解码器、运行在网页的游戏引擎、React 的虚拟 Dom 渲染算法等。

WASM 本身只是一个指令集，并没有限定运行环境，因此只要实现相应的解释器，即可运行在非浏览器环境。XChain 的 WASM 合约正是这样的应用场景，首先用 C++、Go 等高级语言来编写智能合约，然后编译成 WASM 字节码，最后由 XVM 虚拟机来运行。这里，XVM 虚拟机就提供了一个 WASM 的运行环境。

2. WASM 字节码编译加载流程

WASM 字节码的运行有两种方式，一种是解释执行，一种是编译成本地指令后再执行。前者针对每条指令逐个解释执行，后者通过把 WASM 指令映射到本地指令来执行。解释执行的优点是启动快，缺点是运行慢。对于编译执行，由于有一个预先编译的过程，因此启动速度比较慢，但运行速度很快。

XVM 选用的是编译执行模式，XVM 编译加载流程如图 3-10 所示。

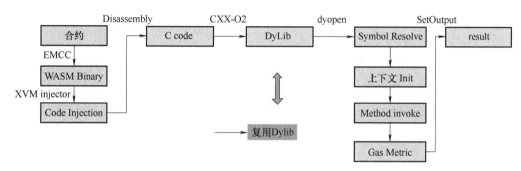

图 3-10　XVM 编译加载流程

（1）字节码编译

用户通过 C++ 编写智能合约，通过 EMCC 编译器生成 WASM 字节码，XVM 加载字节码，生成加入了指令资源统计的代码以及一些运行时库符号查找的机制，最后编译成本地指令来运行。

```
int add(int a,int b){
        return a+b;
}
```

编译后的 WASM 文本表示如下：

```
(module
(func $ add(param i32 i32)(result i32)
    local.get 0
    local.get 1
    i32.add)
(export "_add"(func $ add)))
```

XVM 编译 WASM 到 C，最后生成动态链接库。

```
static u32 _add(wasm_rt_handle_t * h,u32 p0,u32 p1){
    FUNC_PROLOGUE;
    u32 i0,i1;
    ADD_AND_CHECK_GAS(3);
    i0=p0;
    i1=p1;
    i0+=i1;
    FUNC_EPILOGUE;
    return i0;
}
/ * export:'_add'* /
u32 ( * export__add)(wasm_rt_handle_t *,u32,u32);
static void init_exports(wasm_rt_handle_t * h){
        / * export:'_add'* /
        export__add=(& _add);
}
```

（2）加载运行

在学习如何加载运行之前先介绍如何使用 XVM 来发起对合约的调用。首先生成代码
（Code）对象，代码对象管理静态的指令代码以及合约所需要的符号解析器。然后就可以通
过实例化上下文对象来发起一次合约调用，GasLimit 等参数就是在这里传入的。代码和上下
文的关系类似 Docker 里面的镜像和容器的关系，一个是静态的，一个是动态的。

```
func run(modulePath string,method string,args []string) error {
  code,err:=exec.NewCode(modulePath,emscripten.NewResolver())
  if err ! =nil {
      return err
  }
  defer code.Release()
  ctx,err:=exec.NewContext(code,exec.DefaultContextConfig())
  if err ! =nil {
      return err11
  }
  ret,err:=ctx.Exec(method,[]int64{int64(argc),int64(argv)})
  fmt.Println(ret)
```

```
  return err
}
```

转换后的 C 代码最终会编译成一个动态链接库提供给 XVM 运行时（Runtime）来使用，在每个生成的动态链接库里面都有初始化函数。这个初始化函数会自动对 WASM 里面的各个模块进行初始化，包括全局变量、内存、外部符号解析等。

```
typedef struct {
    void * user_ctx;
    wasm_rt_gas_t gas;
    u32 g0;
    uint32_t call_stack_depth;
}wasm_rt_handle_t;
void * new_handle(void * user_ctx){
    wasm_rt_handle_t * h = ( * g_rt_ops.wasm_rt_malloc)(user_ctx,sizeof
(wasm_rt_handle_t));
    (h->user_ctx)=user_ctx;
    init_globals(h);
    init_memory(h);
    init_table(h);
    return h;
}
```

3. 语言运行环境

（1）C++运行环境

C++因为没有 Runtime，因此运行环境相对简单，只需要设置基础的堆栈分布、一些系统函数及 Emscripten 的运行时函数即可。

C++合约的内存分布如图 3-11 所示。

普通调用在 XVM 解释，XVM 符号解析如图 3-12 所示。

图 3-11　C++合约的内存分布

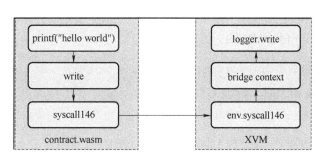

图 3-12　XVM 符号解析

（2）Go 运行环境

Go 运行环境包括 Go Stdlib、Go Runtime 和 WASM Go module，如图 3-9 所示。

4. **XuperBridge 对接**

XVM 与 XuperBridge 对接主要靠两个函数：

1）call_method（ ）：这个函数向 Bridge 传递需要调用的方法和参数。

2）fetch_response（ ）：这个函数向 Bridge 获取上次调用的结果。

```cpp
extern "C" uint32_t call_method(const char * method,uint32_t method_len,
const char *
request,uint32_t request_len);
extern "C" uint32_t fetch_response(char * response,uint32_t response_
len);
static bool syscall_raw(const std::string& method,const std::string& re-
quest,std::string * response){
  uint32_t response_len;
  response_len=call_method(method.data(),uint32_t(method.size()),
  request.data(),uint32_t(request.size()));
  if(response_len <=0){
    return true;
  }
  response->resize(response_len+1,0);
  uint32_t success;
  success=fetch_response(&(* response)[0u],response_len);
  return success==1;
}
```

5. **资源消耗统计**

考虑到大部分指令都是顺序执行的，因此不需要在每个指令后面都加上 gas 统计指令，只需要在 Basic Block 最开头加上 gas 统计指令即可。Control Block 是指 loop、if 等会引起跳转的指令。

C++代码如下：

```cpp
extern int get(void);
extern void print(int);
int main(){
    int i=get();
    int n=get();
```

```
    if(i<n){
        i+=1;
        print(i);
    }
    print(n);
}
```

编译后生成的 WASM 代码如下：

```
(func(;2;)(type 1)(result i32)
    (local i32 i32)
    call 1
    local.tee 0
    call 1
    local.tee 1
    i32.lt_s
    if   ;; label=@1
        local.get 0
        i32.const 1
        i32.add
        call 0
    end
    local.get 1
    call 0
    i32.const 0)
```

生成的带统计指令的 C 代码如下：

```
static u32 wasm__main(wasm_rt_handle_t*h){
    u32 l0=0,l1=0;
    FUNC_PROLOGUE;
    u32 i0,i1;
    ADD_AND_CHECK_GAS(11);
    i0=wasm_env__get(h);
    l0=i0;
    i1=wasm_env__get(h);
    L1=i1;
```

```
i0 = (u32) ((s32) i0 < (s32) i1);
if (i0) {
    ADD_AND_CHECK_GAS(6);
    i0 = l0;
    i1 = 1u;
    i0 += i1;
    wasm_env__print(h, i0);
}
ADD_AND_CHECK_GAS(5);
i0 = l1;
wasm_env__print(h, i0);
i0 = 0u;
FUNC_EPILOGUE;
return i0;
}
```

3.3 XuperChain 的关键技术

3.3.1 账号权限控制

XuperChain 需要一套去中心化的、内置的权限系统。为了实现这个目标，XuperChain 借鉴了业界很多现有系统（如以太坊、EOS、Fabric）的优点，设计了基于账号的合约权限系统。

AK（Access Key，公钥）表示 XuperChain 上具体的一个 Address（也写作 Addr），由密码学算法生成一组公私钥对，然后将公钥用指定的编码方式压缩为一个地址。

账号（Account）表示在 XuperChain 上部署合约时需要的账号，账号可以绑定一组 AK（如公钥），并且 AK 可以有不同的权重。账号的名字具有唯一性。

合约（Contract）表示一段部署在区块链上的可执行字节码，合约的运行会更新区块链的状态。允许一个账号部署多个合约。合约的名字具有唯一性。

1. 模型简介

系统会首先识别用户，然后根据被操作对象访问控制列表（Access Control List，ACL）的信息来决定用户能否对其进行操作。ACL 模型流程如图 3-13 所示。

个人账号 AK 是指一个具体的地址。合约账号为 XuperChain 智能合约的管理单元。任何账号或者 AK 都可以调用系统级智能合约创建账号，创建账号需要指定账号对应的拥有

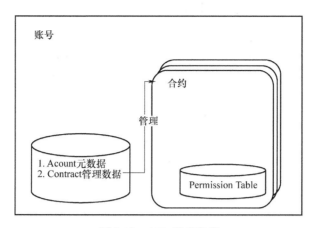

图 3-13　ACL 模型流程

者的地址集，如果一个账号中只有一个地址，那么这个地址对账号完全控制。创建账号需要指定 ACL 控制策略，用于对账号其他管理动作的权限控制。创建账号需要消耗账号资源。

（1）账号命名规则

合约账号由 3 部分组成，分为前缀、中间部分、后缀。前缀为 XC，后缀为 @ 链名，中间部分由 16 个数字组成。在创建合约账号时，只需要传入 16 位数字即可。在使用合约账号时，要使用完整的账号。

（2）账号管理

在地址集合中，根据创建时指定的地址集和权限策略，进行其他操作账号的删除和添加。创建智能合约需要消耗账号资源，先将 UTXO 资源转到账号下，通过消耗账号的 UTXO 资源创建合约，验证的逻辑需要经过账号的 ACL 控制。

（3）智能合约

智能合约指 XuperChain 中的一个具体的合约，属于某个账号。账号所属人员允许在账号内部署合约。账号所属人员可以定义合约管理的权限模型，设置合约方法的权限模型，合约内有一个权限表，记为 {contract. method, permission_model}。

（4）合约命名规则

合约名长度为 4~16 个字符（包括 4 和 16），首字母可选项为 [a-zA-Z_]，末尾字符可选项为 [a-zA-Z0-9_]，中间部分的字符可选项为 [a-zA-Z_]。

2. 实现功能

权限系统主要有两个功能：账号权限管理、合约权限管理。

（1）账号权限管理

账号权限管理包括账号的创建、添加，以及删除 AK、设置 AK 权重、设置权限模型。

（2）合约权限管理

合约权限管理主要指设置合约调用权限，支持两种权限模型：

1）背书阈值：经过名单中的 AK 或 Account 签名，并且它们的权重值加起来超过一定阈值时，就可以调用合约。

2）AK 集合：定义多组 AK 集合，集合内的 AK 需要全部签名，集合间只要有一个集合有全部签名即可。

ACL 架构如图 3-14 所示。

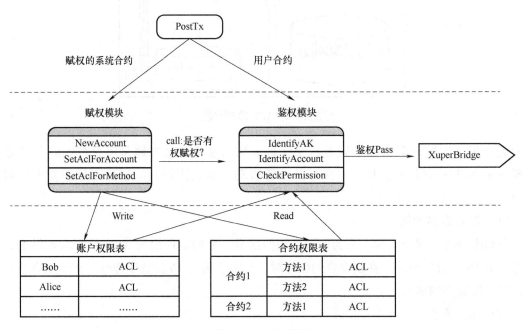

图 3-14 ACL 架构

ACL 数据结构如下：

```
// --------账号与权限管理部分 -------
enum PermissionRule {
    NULL=0;                          // 无权限控制
    SIGN_THRESHOLD=1;                // 签名阈值策略
    SIGN_AKSET=2;                    // AKSet 签名策略
    SIGN_RATE=3;                     // 签名率策略
    SIGN_SUM=4;                      // 签名个数策略
    CA_SERVER=5;                     // CA 服务器鉴权
    COMMUNITY_VOTE=6;                // 社区治理
}
message PermissionModel {
    PermissionRule rule=1;
```

```
    double acceptValue=2;              // 取决于用哪种 rule,可以表示签名率、
                                       签名数或权重阈值
}
// AK 集的表示方法
message AkSet {
    repeated string aks=1;             //一堆公钥
}
message AkSets {
    map<string,AkSet> sets=1;          // 公钥或账号名集
    string expression=2;               // 表达式,一期不支持表达式,默认集合
                                       内用 and,集合间用 or
}
// ACL 实际使用的结构
message Acl {
    PermissionModel  pm=1;             // 采用的权限模型
    map<string,double>  aksWeight=2;   // 公钥或账号名与权重进行映射
    AkSets akSets=3;
}
```

签名阈值策略:

```
Sum{Weight(AK_i),if sign_ok(AK_i)}>=acceptValue
```

系统合约接口及用途如表 3-1 所示。

表 3-1　合约接口及用途

合约接口	用途
NewAccountMethod	创建新的账号
SetAccountACLMethod	更新账号的 ACL
SetMethodACLMethod	更新合约 Method 的 ACL

ACL 原型样例如下。

```
{
    "pm":{
    "rule":1,
    "acceptValue":1.0
    },
```

```
"aksWeight":{
"AK1":1.0,
"AK2":1.0
}
}
```

其中，rule=1 表示签名阈值策略，rule=2 表示 AK 集（AKSet）签名策略。若签名的 AK 对应的 Weight 值加起来大于 acceptValue，则符合要求。

3.3.2　XuperChain P2P 网络

依据 P2P 网络中节点相互之间如何联系，可以将 P2P 网络简单区分为非结构化和结构化两大类。

（1）非结构化 P2P 网络

这种 P2P 网络是最普通的，没有对结构做特别的设计。优点在于结构简单、易于组建，网络局部区域内的个体可以任意分布。对于节点的加入和离开，网络也表现得非常稳定，比特币网络使用的就是非结构化的网络。但是这种网络主要有 3 个缺点：①公网网络拥塞时传输效率低；②存在泛洪循环；③消息风暴问题。

（2）结构化 P2P 网络

这种 P2P 网络的结构经过精心设计，目的是增加路由效率，提高查询数据的效率。结构化 P2P 最普遍的实现方案是使用分布式哈希表（Distributed Hash Table，DHT）。以太坊网络中使用的就是结构化网络。

互联网的发展速度远远超过人们的预期，人们在制定网络协议之初没有考虑过网络规模会如此迅速增长，导致 IP 地址的短缺。NAT 技术通过将局域网内的主机地址映射为互联网上的有效 IP 地址，实现了网络地址的复用，从而部分解决了 IP 地址短缺的问题。网络中的大部分用户处于各类 NAT 设备之后，导致在 P2P 网络中的两个节点之间直接建立 UDP 或者 TCP 链接的难度比较大，应运而生的是 NAT 穿透技术。目前主要有两种途径：一种称为打洞，即 UDP Punch 技术；另一种是利用 NAT 设备的管理接口，称为 UPnP 技术。

XuperChain 的 P2P 网络是可插拔的，目前支持 Libp2p 模式的 P2P 网络和基于 GRRC 模式的 P2P 网络。支持 Libp2p 模式的 P2P 网络使用 KAD 进行节点的路由管理，支持 NAT 穿透，主要用于公开网络的场景，节点规模可以达到万级；基于 GRPC 模式的 P2P 网络支持路由的自定义、节点的动态加入及退出等功能，主要用于联盟链场景。

通过进行 xchian.yaml 中的 P2P Module 配置，选择 P2P 网络的模式。

XuperChain 定义了自己的协议类型 XuperProtocolID = "/xuper/2.0.0"，所有的 XuperChain 网络节点除了基础的消息类型外还会监听并处理这个协议的网络消息。

XuperChain 消息采用 Protobuf 定义，整个消息包括两部分，分别是消息头（Message-

Header）和消息体（MessageData）。消息定义如图 3-15 所示。

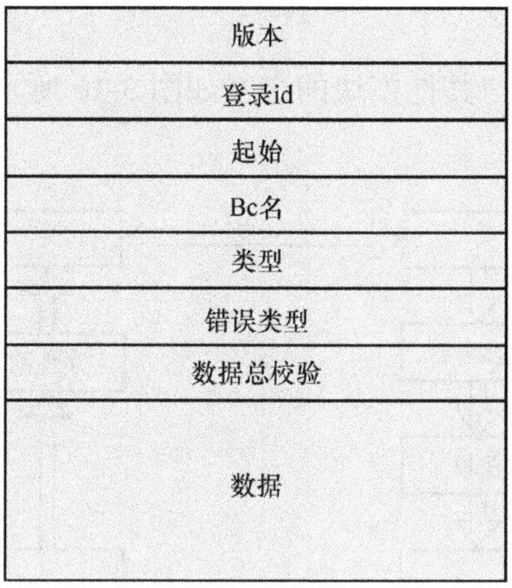

图 3-15　消息定义

Protobuf 消息定义如下：

```
// XuperMessage 是 Xuper 点对点服务器的 Message
message XuperMessage {
    // MessageHeader 是 Xuper 点对点服务器的消息头
    message MessageHeader {
        string version=1;
          // dataCheckSum 是消息数据校验和,可以用来检查消息是在哪里收到的
          been received
        string logid=2;
        string from=3;
        string bcname=4;
        messageType type=5;
        uint32 dataCheckSum=6;
        ErrorType errorType=7;
    }
    // MessageData 是 Xuper 点对点服务器的消息体
    message MessageData {
        // msgInfo 是消息的信息,使用 protobuf 编码风格
        bytes msgInfo=3;
    }
    MessageHeader Header=1;
```

```
MessageData Data=2;
}
```

XuperChain P2P 网络模块与其他模块的交互如图 3-16 所示，以 Libp2p 模式为例：

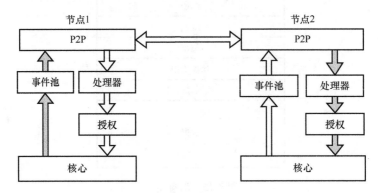

图 3-16　Libp2p 模式的模块之间的交互

图 3-16 左半部分所示是 Xuper 的启动流程，InitP2PServer 为启动 P2P 的核心流程；图 3-16 右半部分主要包括 4 个阶段函数，分别为：

1）InitP2PInstance 为创建的 Libp2p Host 实例。

2）SetXuperStreamHandler 为初始化 P2P 通信消息 Protocols，XuperProtocol 为 Xuper 节点之间进行消息通信和消息处理的核心逻辑。

3）InitKadDht 为初始化 Libp2p KAD DHT，通过设置的 Bootstrap 节点建立自己的 KAD DHT。

4）InitStreams 用于前一步已经建立了自己的 KAD DHT，下一步就是与这些邻近的节点之间建立通信流，通过 Libp2p 的 NewStream 接口实现通信流建立。

用户提交的交易消息在 XuperChain 网络中的传输流程如图 3-17 所示。

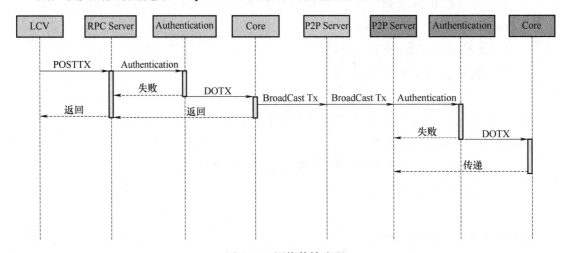

图 3-17　网络传输流程

用户通过 RPC 将交易提交到网络中，交易执行成功后会通过 P2P 模块广播给网络中的其他节点。

3.3.3　身份认证

XuperChain 节点具有双重身份：P2P 节点 id 和 XuperChain Address。为了解决节点间的身份互信，防止中间人攻击和消息篡改，节点间需要一种身份认证机制，可以证明对称节点声明的 XuperChain Address 是真实有效的。XuperChain Address 为当前节点的 Address，一般为 data、keys、address，P2P 节点 id 为当前节点 P2P 的 peerID。

连接建立时序如图 3-18 所示。

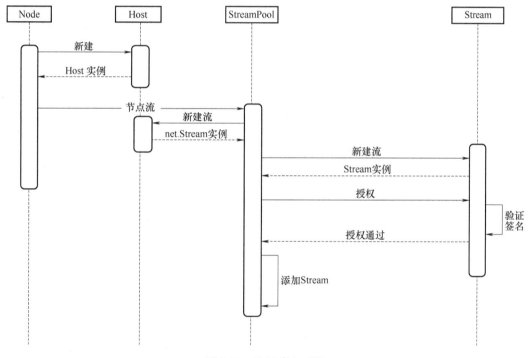

图 3-18　连接建立时序

新建的 net. Stream 连接已经完成了 ECDH 密钥协商流程，因此，此时节点间的连接已经是加密连接。

连接建立后，增加一步身份认证流程，如果通过，则 Stream 建立成功，并加入 StreamPool 中。

其中，身份认证流程如下：

1）身份认证流程通过开关控制，可开启和关闭 DefaultIsAuthentication：true or false。

2）身份验证支持 XuperChain Address 的验证方式。

3）如果开启身份验证，则身份验证不通过的 Stream 直接关闭。

4）身份验证时使用 XuperChain 的私钥对 PeerID 加上 XuperChain 地址的 SHA256 哈希值进行签名，并将 PeerID、XuperChain 公钥、XuperChain 地址、签名数据一起传递给对方进行验证。

3.3.4 提案与投票机制

提案和投票机制是区块链系统实现自我进化的关键。系统首次上线后难免遇到很多问题，提案/投票机制为区块链的社区治理提供了便利的工具，以保证未来系统的可持续发展。具体实现步骤如下：

1）提案者（Proposer）通过发起一个事务声明一个可调用的合约，并约定提案的投票截止高度、生效高度。

2）投票者（Voter）通过发起一个事务来对提案投票，当达到系统约定的投票率并且账本达到合约的生效高度后，合约就会自动被调用。

最后为了防止机制被滥用，被投票的事务需要冻结参与者的一些燃料，直到合约生效后解冻。

提案与投票机制示意图如图 3-19 所示。

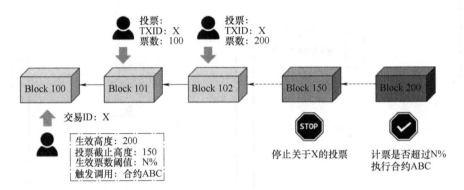

图 3-19　提案与投票机制示意图

XuperChain 提供可插拔共识机制，通过提案和投票机制升级共识算法或者参数。图 3-20 简要说明了如何使用 XuperChain 的提案机制进行共识升级。

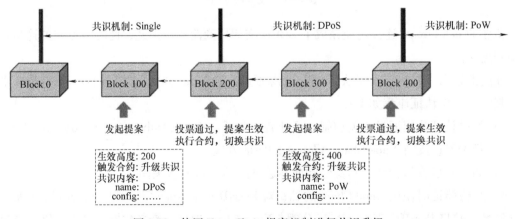

图 3-20　使用 XuperChain 提案机制进行共识升级

通过提案和投票机制，区块链自身的运行参数也是可升级的，包括区块大小、交易大小、挖矿奖励金额和衰减速度等。

下面通过一个例子来说明，假设有一条链，最开始用的是工作量证明共识，创始块如下：

```
{
    "version":"1",
    "predistribution":[
    {}
    ],
    "maxblocksize":"128",
    "award":"1000000",
    "decimals":"8",
    "award_decay":{
        "height_gap":31536000,
        "ratio":0.5
    },
    "genesis_consensus":{
        "name":"工作量证明",
        "config":{
        "defaultTarget":"19",          # 默认难度值中,19 个 0 为前缀
          "adjustHeightGap":"10",      # 每 10 个区块调整一次难度
          "expectedPeriod":"15",       # 期望 15s 一个区块
          "maxTarget":"22"
        }
    }
}
```

如果要将其共识切换到 TDPoS 共识，那么首先由提案者发起提案，提案没有额外的代价，通过命令行的 Desc 选项指向提案用的 Json 即可。提案 Json 的内容如下：

```
{
    "module":"proposal",
    "method":"Propose",
    "args":{
        "min_vote_percent":51,    # 当投票者冻结的资产占全链的 51% 以上时提案
                                    生效
```

```
        "stop_vote_height":120    # 计票截止的高度是120
    },
    "trigger":{
        "height":130,                # 提案生效高度是130
        "module":"consensus",
        "method":"update_consensus",
        "args":{
            "name":"tdpos",
            "config":{
            "proposer_num":"3",
            "period":"3000",
            "term_gap":"60000",
            "alternate_interval":"3000",
            "term_interval":"6000",
            "block_num":"10",
            "vote_unit_price":"1",
            "init_proposer":{
                    "1":["dpzuVdosQrF2kmzumhVeFQZa1aYcdgFpN",
                    "f3prTg9itaZY6m48wXXikXdcxiByW7zgk",
                    "U9sKwFmgJVfzgWcfAG47dKn1kLQTqeZN3"]
                }
            }
        }
    }
}
```

把上面的内容保存在 myprop. json，然后运行：

```
./xchain-cli transfer --to'cat data/keys/address'--desc ./myprop. json --amount 1
```

确认该交易已经上链（标志是 Block id 不为空了），然后对这个提案投票。投票需要冻结自己的资产，并且冻结高度必须大于停止计票的高度。

```
#冻结高度(121)需要大于提案截止计票高度(120),否则是无效投票
./xchain-cli vote -amount 100000000 -frozen 121
返回：
67cc7cd23b7fcbe0a4919d5c581b3fda759da13cdd97414afa7539e221727594
```

另外，累计投票金额数量必须大于全链总量的 51%（51%是提案 Json 中指定的，但是最小不能少于 50%）。

```
./xchain-cli account balance -Z              #可以查看自己被冻结的资产总量
./xchain-cli status --host localhost:37301 | grep -i total
                                             #查询全链的资产总量
./xchain-cli tdpos status                    #此命令可以查看 tdpos 状态
```

3.4　XuperChain 的进阶技术

3.4.1　密码学隐私保护

密码学技术是区块链的核心基础技术之一，承担着区块链不可篡改和去中心化验证等特性的底层支撑。在 XuperChain 中，密码学技术广泛应用在账户体系、交易签名、数据隐私保护等方面，主要以 ECC 以及多种哈希散列算法为基础发展出一个单独的模块。

构建区块链的去中心化交易，需要一种加密算法，使交易发起人使用持有的密钥对交易数据进行数字签名，而交易验证者只需要知道交易发起人的公开信息，即可对交易有效性进行验证，确定该交易确实来自交易发起者。这种场景在密码学中称为"公开密钥加密"，也称为非对称密钥加密。

常见的公开密钥算法有 RSA、ECC 等。RSA 起步较早，此前在非对称加密领域使用的范围最广，例如目前的 SSL 证书大多采用 RSA 算法。而在 ECC 算法问世后，由于在抗攻击性、资源消耗等方面相比 RSA 具有更好的表现，因此其使用也越来越广泛。

公钥密码算法一般都基于一个数学难题，例如，RSA 的依据是两个数 a、b 相乘很容易得到 N，当 N 足够大时，对 N 进行因式分解则相对困难得多。ECC 是建立在基于椭圆曲线的离散对数问题上的密码体制，给定椭圆曲线上的一个点 P，一个整数 k，求解 $Q=kP$ 很容易；给定一个点 P、Q，知道 $Q=kP$，求整数 k 却是一个难题。具体的理论知识可以参考椭圆曲线密码学。

椭圆曲线密码学包含了多种密码学算法，下面列出 XuperChain 中涉及的一些算法：

1）ECIES（Elliptic Curve Integrated Encryption Scheme）为椭圆曲线集成加密算法，主要用于基于椭圆曲线的数据加解密。

2）ECDH（Elliptic Curve Diffie-Hellman）为基于 Diffie-Hellman 算法的一种密钥协商算法，定义了双方如何安全地生成和交换密钥。

3）ECDSA（Elliptic Curve Digital Signature Algorithm）是使用椭圆曲线密码学实现的 DSA（数字签名算法），一般发起人对消息摘要使用私钥签名，验证者可以通过公钥对签名有效性进行验证。

由于不同的椭圆曲线算法采用的椭圆曲线不同，因此有多种不同的算法标准，典型的如下：

1）NIST 标准，典型的曲线有 P-256/P-384/P-521 等。

2）SECG 标准，典型的有 Secp256k1、Secp256r1、Secp192k1、Secp192r1 等。

3）ECC25519，主要指 Ed25519 数字签名和 Curve25519 密钥协商标准等。

4）国产密码算法，我国国家密码局制定的密码学算法标准，典型的有 SM2/3/4 等。

1. 多重签名和环签名

多重签名是指在数字签名中，有时需要多个用户对同一个交易进行签名和认证，例如某些合约账户下的数据需要多个人授权才能修改或转账。

在密码学中，通过多重签名可以将多个用户的授权签名信息压缩在同一个签名中，这样相比于每个用户产生一个签名的数据体量会小很多，因此其验证签名计算、网络传输的资源开销也会少很多。

环签名是一种数字签名技术，环签名的一个安全属性是无法通过计算还原出一组用户中具体使用私钥签名的用户。也就是说，使用环签名技术可以使一组用户中的某一个人对消息进行签名，而并不会泄露签名者是这组用户中的哪个人。环签名与组签名类似，但在两个关键方面有所不同：第一，单个签名具有匿名性；第二，任何一批用户都可以作为一个组使用，无须额外设置。

在实际使用中，多重签名主要用作多人实名授权的交易，通过产生更小的签名数据提升网络传输和计算效率，而环签名则主要用于对交易隐私保护和匿名性有要求的交易场景中。

2. XuperChain 中密码学的使用

密码学作为区块链系统的底层技术，在很多方面都会使用到。这里介绍 XuperChain 中几个典型的密码学使用场景。

（1）用户账本体系的设计和助记词技术

XuperChain 的用户账户体系基于非对称公私密钥对，每个用户账户都对应这一组公私密钥对，并采用一定的哈希算法将公钥摘要成一个字符串来作为用户账户地址。考虑到密钥不具备可读性，为了帮助用户保存密钥，XuperChain 实现了 BIP39 提案的助记词技术。

助记词的生成过程：首先生成一个长度在 128～256 位之间的随机熵，由此在助记词表中选出对应的单词列表，形成助记词。

助记词产生私钥：使用基于口令的密钥派生算法 PBKDF2，将上述生成的助记词和用户指定的密钥作为密钥派生算法参数，生成长度为 512 位的种子，以此种子作为生成密钥的随机参数，便产生了从助记词生成的私钥。

通过助记词恢复密钥：由于用户持有生成密钥的助记词和口令，因此在用户遗忘或丢失私钥时，可以通过同样的助记词和口令执行助记词产生私钥的过程，从而恢复出账户密钥。

（2）交易签名和区块签名

XuperChain 中，每个交易都需要交易发起人以及交易背书人的签名；在每个块生成时，都需要加上打包块的节点签名。签名、验证流程如图 3-21 所示。

1）交易签名，即基于交易数据摘要，包含交易输入和输出、合约调用、合约读写集、发起人和背书人信息等，并将交易数据序列化后的字节数组使用双重 SHA256 得到摘要数据，最后对摘要数据用 ECDSA 或其他数字签名算法产生交易签名。

2）区块签名，即基于区块数据摘要，包含区块元信息，如前序块哈希值、交易默克尔树根、打包时间、出块节点等数据，并在序列化后使用双重 SHA256 得到摘要数据，最后对摘要数据用 ECDSA 或其他数字签名算法产生区块签名。

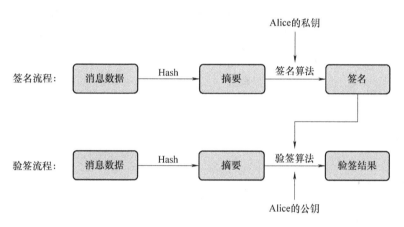

图 3-21　签名、验证流程

（3）节点间数据传输的加密和密钥交换

XuperChain 底层采用 P2P 网络传播交易和区块数据，在一些许可区块链网络场景中，需要对节点间的数据传输进行加密以提升安全性和隐私性，因此 XuperChain 的 P2P 连接支持基于 ECDH 的密钥交换算法的 TLS 连接。

ECDH 的原理是交换双方可以在不共享任何秘密的情况下协商出一个密钥，双方只要知道对方的公钥，就能和自己的私钥通过计算得出同一份数据，而这份数据就可以作为双方接下来对称加密的密钥。

第一阶段是 Propose 阶段，这一阶段，对等节点间互相交换双方永久公钥（PK）。

第二阶段是 Exchange 阶段，本质是基于 ECDH 的密钥交换。双方通过 ECC 算法随机生成一组临时密钥对（tempPK，tempSK），然后用自己的永久私钥对临时公钥 tempPK 进行签名并交换。这时，双方可以通过第一步的公钥进行验证签名，同时得到供本次会话使用的临时公钥。使用临时公钥的好处是一话一密，即使本次会话密钥泄露也不会导致以前的加密数据被破解。ECDH 算法使得双方通过对方的公钥和自己的私钥，可以获得一致的共享密钥 SharedKey。

第三阶段是 Verify 阶段。双方使用 SharedKey 产生两组密钥 Key1、Key2，分别作为读写密钥，并使用支持的对称加密算法（AES/blowfish）加密传输第一步中发送给对方的随机数，而接收方则使用刚才协商的密钥对数据解密，并验证随机数是不是等于第一步中自己发送给对方的值。

通过这 3 阶段的握手，双方建立了加密通信通道，并且节点间的通信加密通道满足一话一密的高安全等级。

3. 密码学模块

密码学作为区块链系统的底层技术，相对比较独立。考虑到 XuperChain 作为区块链底层系统方案的模块化目标，将密码学相关的功能设计成一个单独的模块，并通过插件化技术实现了模块可插拔、插件可替换。

因此，XuperChain 首先抽象出了统一的密码学相关的功能，并在此之上定义了统一的密码学接口，称为 Crypto Provider Interface，并通过 CryptoClient 接口向上层区块链提供系统密码学功能。CryptoClient 目前由一组接口构成：

```
// CryptoClient is the interface of all Crypto functions
type CryptoClient interface {
    CryptoCore
    KeyUtils
    AccountUtils
    MultiSig
}
```

整个 CryptoClient 由 4 部分功能接口组成：

1）CryptoCore 主要提供包括加解密、签名等的密码学核心功能。

2）KeyUtils 主要提供公私钥相关工具，如密钥对象和 Json、文件格式之间的转换等。

3）AccountUtils 主要提供账户相关的功能接口，如创建账户、助记词导出私钥等。

4）MultiSig 主要提供多重签名、环签名相关功能接口。

由于抽象出了统一的密码学模块和接口，因此在此基础上实现插件化就比较容易。目前 XuperChain 已经实现了 Nist P256+ECDSA/Schnorr 以及国密等多种密码学插件，已经开源了 Nist P256+ECDSA/Schnorr 和国密等算法实现，并分别提供了密码学插件。

为了方便框架使用密码学插件，XuperChain 在 Crypto/Client 包中封装了一层密码学插件管理器，支持创建指定类型的密码学对象，或者通过公私钥自动识别需要加载的插件类型。密码学插件管理器可以支持隔绝框架对密码学插件的感知，对上层框架提供一种无缝的使用体验。

XuperChain 中，默认密码学插件使用的是 Nist P256+ECDSA，在不额外指定的情况下，XuperChain 启动后会加载默认密码学插件。

之前提到，通过密码学插件管理器可以按照公私钥自动识别需要加载的插件类型，那么

XuperChain 如何根据密钥来判断应该使用哪种密码学插件呢？其实，密码学插件是通过密钥中的曲线类型来确定的，目前系统中定义了 3 种不同的曲线类型。

1）P-256。P-256 使用 Nist P256+ECDSA 的默认插件。

2）P-256-SN。P-256-SN 使用 Nist P256+Schnorr 签名的插件，可以提供更高的签名验签性能。

3）SM2-P-256。SM2-P-256 使用 SM2/3/4 的国密插件，符合我国国家密码局制定的密码学标准。

实际使用中，可以通过创建链时的配置中的密码学类型指定使用哪种密码学插件，以 schnorr 签名为例，在创世区块配置中添加下述配置即可：

```
"crypto":"schnorr"
```

在 CLI 命令行工具中已经支持了通过命令行参数 --cryptotype 指定密码学插件的类型，例如要创建一个使用 Nist P256+Schnorr 的密码学插件的用户账户，可以使用下述命令行：

```
./xchain-cli account newkeys --output data/tmpkey --cryptotype schnorr
```

目前，XuperChain 开源的国密插件支持 SM2/3 算法，并且国密插件支持对 Nist P256 算法生成的地址和签名数据进行验签。

如果要创建一个基于国密算法的链，需要完成以下几个步骤：

1）确认使用了 v3.7~v5.1 之间（因为 v5.1+ 不再支持插件方案）的 XuperChain 版本，并且编译产出中包含了 plugins/crypto/crypto-gm.so.1.0.0，在插件配置 conf/plugins.conf 中确认包含如下配置内容：

```
{
"crypto":[
    ...,
    {
      "subtype":"gm",
      "path":"plugins/crypto/crypto-gm.so.1.0.0",
      "version":"1.0.0",
      "ondemand":false
    }],
    ...
}
```

2）对每个节点都创建一个基于国密算法生成的节点私钥和地址。注意：data/keys 目录原来保存的是默认密码学插件生成的私钥，可以删除原私钥目录，或者使用 --f 参数强制覆盖原私钥。如果不希望覆盖原节点密钥，则可以在--output 参数后面指定新的私钥目录。私钥生成后，可以查看私钥文件，其中 Curvname 应该是 SM2-P-256。

```
./xchain-cli account newkeys --output data/keys --cryptotype gm
```

3）修改待创建链的创世区块配置，通过 Crypto 字段指定默认密码学插件为国密插件，并修改矿工地址为新生成的国密私钥对应的地址。一般，默认创世区块配置存储于 data/config/xuper.json。修改创世区块配置如下：

```
{
    ...,
    "predistribution":[
        {
            "address":"此处替换为国密 Address",
            "quota":"100000000000000000000000"
        }
    ],
    "crypto":"gm",
    ...,
    "genesis_consensus":{
        "name":"tdpos",
        "config":{
            ...,
            "init_proposer":{
                "1":[
                    "此处替换为国密 Address"
                ]
            }
        }
    }
}
```

创建链并启动：

```
./xchain-cli createChain
nohup ./xchain &
```

使用命令行进行操作时，需要通过--cryptotype 参数指定加密类型为国密，如 transfer 命令。

```
./xchain-cli transfer --to alice --amount 1 --keys data/keys --cryptotype gm
```

目前国密只支持使用 Go SDK 调用，后续会支持更多 SDK。

3.4.2　插件化机制

XuperChain 从设计之初就以高性能、可插拔的区块链底层技术架构为目标，因此整个 XuperChain 在模块化、接口化设计上做了很多的抽象工作。而插件化机制就是服务于 Xuper-Chain 可插拔的架构目标，使得所有模块具有同样的可插拔机制，并能满足对模块插件的加载、替换等生命周期的管理。在最新版本的 XuperChain 中，基于 Golang Plugin 插件化机制以动态内核技术代之。

通过插件化机制可以实现如下架构优点：

1）代码解耦，插件化机制使 XuperChain 的架构框架与各个模块的实现相解耦，模块统一抽象出基本数据结构与框架的交互接口，模块只要符合统一接口即可做到插拔替换。

2）高可扩展，即用户可以自己实现符合业务需求的模块插件，直接替换插件配置就可以实现业务扩展。

3）发布灵活，即插件可以单独发布，配合插件生命周期管理甚至可以实现插件的单独更新，而作为插件的开发者也可以自由选择开源发布或者只发布插件二进制文件。

插件框架用于根据需求创建插件实例，插件设计框架如图 3-22 所示。

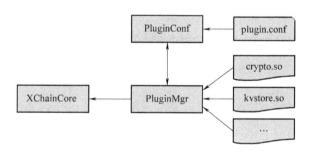

图 3-22　插件设计框架

XuperChain 中的一种模块是指包含一组相同数据结构和接口的代码集合，能实现相对独立的功能。一个模块可以有多种实现，每种实现形成一个插件。模块和插件具有如下约束：

1）同一种模块，需要抽象出公共数据接口和接口方法。

2）该模块的所有插件，需要实现定义的所有公共接口，并不包含定义接口以外的公共接口。

3）每个插件都需要实现一个 GetInstance 接口，该接口创建并返回一个插件对象引用，该插件对象包含插件定义的所有公共接口。

因此，可以在框架中定义一组公共的数据结构和接口：

```
package kvstore
type KVStore interface {
    Init(string)
        Get(string)(string,error)
        Set(string,string)error
    }
```

在插件代码中，引用并实现该公共接口定义：

```
import "framework/kvstore"
type KVMem struct {
        meta     kvstore.Meta
        data     map[string]string
        rwmutex sync.RWMutex
    }
// 每个插件必须包含此方法,返回一个插件对象
func GetInstance()interface{} {
        kvmem:=KVMem{}
        return & kvmem
    }
// 插件需要实现接口定义中的所有方法
func(ys * YourKVStore)Init(conf string){
        // 用户代码
    }
func(ys * YourKVStore)Get(key string)(string,error){
        // 用户代码
    }
func(ys * YourKVStore)Set(key string,value string)error {
        // 用户代码
    }
```

插件通过配置文件组织可选插件以及插件子类型、插件路径、版本等信息。考虑到同一个链中可能需要创建某个插件的多种实例，因此所有的插件都以数组的方式声明该插件不同的子插件类型对应的链接库地址。

```
{
    "kvstore":[
```

```
        {
                "subtype":"Memory",
                "path":"plugins/kv-memory.so.1.0.1",
                "version":"1.0.1",
                "ondemand":false
        },
        {
                "subtype":"Json",
                "path":"plugins/kv-json.so.1.0.0",
                "version":"1.0.0",
                "ondemand":false
        }
    ],
    "crypto":[
        {
                "subtype":"GuoMi",
                "path":"plugins/crypto/crypto-gm.so.1.1.0",
                "version":"1.1.0",
                "ondemand":false
        },
    ]
}
```

PluginMgr 定义了插件管理的对外接口。

```
// 根据插件配置文件初始化插件管理对象
func CreateMgr(confPath string)(pm * PluginMgr,err error);
// 指定插件名称和插件子类型,获取该插件的一个实例
func(pm * PluginMgr)CreatePluginInstance(name string,subtype string)
```

在需要插件功能的主逻辑中，要通过 CreateMgr 创建一个 PluginMgr 的实例，该实例会根据传入的配置文件创建插件实例。

每个模块都可以定义自己的实例创建方法，并可以自行确定是否使用默认模块，或使用插件化的模块。

```
func NewKVStore(pm * pluginmgr.PluginMgr,subType string)(store KVStore,
err error){
```

```
var iface interface{}
iface,err=pm.CreatePluginInstance(KV_PLUGIN_NAME,subType)
if err ! =nil {
    return
}
if iface ! =nil {
    // 注册外部插件
    store=iface.(KVStore)
} else {
    // 无注册插件,使用默认选项
    store=new(KVText)
}
Return
}
```

目前，插件化机制已经在 XuperChain 中应用于包括密码学、共识、Key-Value 引擎等多个核心模块中，初步实现了插件的解耦合可扩展性目标。以密码学为例，通过插件化机制，可以实现多套不同的密码学算法的封装，目前 XuperChain 已经实现了包括 Nist P256、Schnorr 签名、国密算法等多个不同的密码学插件，并支持代码和二进制产出的独立发布。当然，目前的插件机制是基于 Go Plugin 的实现。基于 Go Plugin 本身实现上的一些局限性，插件化机制也有需要改进的地方，目前尚不支持 Windows 系统的插件化，只支持 Mac/Linux 系统，插件的依赖库版本和框架的依赖库版本也不能有任何的差别，否则会加载失败。

3.4.3 动态内核技术

动态内核技术实质是提供一种渠道让用户可以自己定义链上事务的处理流程，其框架如图 3-23 所示，底层为基础组件层（BCS Impl），中间为领域服务层（Kernel BCS Interface），上面为核心服务层（Kernel Core），也是体现动态内核最显著的地方。核心服务层的 Xuper 引擎主要应用于公链场景的事务处理流程，联合引擎主要应用于联盟链的事务处理流程，而其他引擎则可以插入用户自定义的事务处理流程。这种动态内核的设计不仅可以根据不同的链场景选定不同的事务处理方式，也大大增加了用户的参与感，根据实际业务场景调用不同的内核引擎，提高了链上事务的处理效率。领域服务层为 XuperChain 的核心接口层，这里设置了各种事务场景的接口，例如共识（Consensus）、合约（Contract）、账本（Ledger）、网络（Network）以及许可（Permission）。基础组件层则为上层应用以及接口提供不同的内部选择，例如，用户可以根据业务需求在基础组件层 TDPoS、工作量证明、XPoA 等共识算法中选择最适合当前场景的算法。合约也支持多种虚拟机执行，例如 XuperChain 自主研发的 XVM，同时也支持现有的 EVM（Ethereum Virtual Machine）。账本在底层的存储上不仅包括硬件物理机，同时也可以存储在云盘上，默认存储在 LevelDB 数据库中。网络方面，面向公链场景以及联盟链场景，可支持的组件有 P2P v1 和 P2P v2。公链场景的网络采用的是开放式节点类型，任意的节点都可以自由地加入和退出，而 P2P v1/2 则不同，它使得网络中任意节点的加入和退出都变得有规则，需要网络中其他节点的共同协作来完成，而且它的节点在网络中的身份与现实实体有一定映射关系，这些映射关系又有其他的机制来保障，维持网络中节点的可控性。许可方面，主要是针对合约调用时的一些许可进行检验与控制。

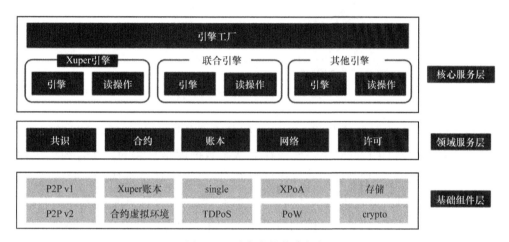

图 3-23　动态内核技术框架

从动态内核技术可以看到，整个 XuperChain 的内部设计是完全模块化且可插拔的，针对不同的核心业务场景，用户可以定制最适合的内部组合以达到高效的事务处理效率。

3.4.4　链内并行技术

XuperChain 的首要设计目标就是性能，那么如何实现领先的性能优势呢？主要就是依靠链内并行技术。链内并行是单链情况下的性能优化技术。提高单链的性能主要从两个方面实现：一方面，超级链采用了 TDPoS 共识，优化了出块时间片调度机制，能够稳定快速出块；另一方面，链内并行技术支持对合约数据进行隐式的 DAG 构建和合约最大粒度的并行处理，能够充分利用多核和多机的计算资源。在其他区块链网络中，所有交易都是串行执行的。为了描述读写集，XuperChain 定义了一个名为 XuperModel 的新事务模型。该模型是比特币 UTXO 模型的一个演变。在比特币的 UTXO 模型中，每个交易都需要在输入字段中引用早期交易的输出，以证明资金来源。同样，在 XuperModel 中，每个事务读取的数据都需要引用早先的事务写入的数据。在 XuperModel 中，事务的输入表示在执行智能合约期间读取的数据源，即数据来自哪些事务的输出。事务的输出表示事务写入状态数据库的数据，而这些数据会被后续的合约调用所引用。XuperChain 中的交易过程如图 3-24 所示。

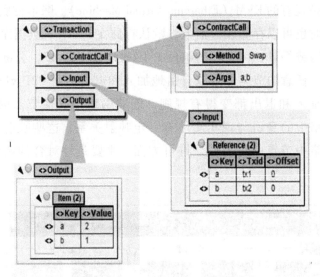

图 3-24　XuperChain 中的交易过程

为了在运行时获取合约的读写集，在预执行每个合约时，XuperModel 为其提供智能缓存（Cache）以实现合约执行的隔离。该缓存对状态数据库是只读的，在合约预执行阶段，会穿透 Cache 深入 DB 层读取数据，写操作仅对 Cache 生效。验证合约时，验证节点根据事务内容初始化缓存实例。节点将再次执行一次合约，但此时合约只能从读集读取数据。同样，写入数据会在写入集中生效。当验证完生成的写集和事务携带的写集一致时，合约验证通过，将事务写入账本。XuperChain 合约验证原理如图 3-25 所示。图 3-25a 为合约预执行示意图，图 3-25b 所示为合约验证示意图。

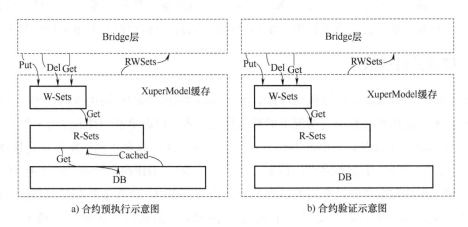

图 3-25　XuperChain 合约验证原理

3.4.5　一体化智能合约技术

XuperChain 在合约技术层面提出了 XuperBridge 的概念。在合约设计里，主要通过 XuperBridge 来访问虚拟机。XuperBridge 是整个合约实现安全调用的桥梁，向下扩展虚拟机、语言，向上对接服务。XuperChain 的初衷是用区块链解决传统互联网行业的一些问题，用户大多使用的是 Java、Go、C++甚至 JavaScript、PHP 等编程语言，为了满足这部分的需求，XuperChain 设计了一套本地化的虚拟机，并与主流的链互通，使得传统互联网领域的用户以及开发人员也能很好地迁移到区块链领域，为区块链的多样化带来了非常大的便利性。XuperChain 智能合约架构如图 3-26 所示。

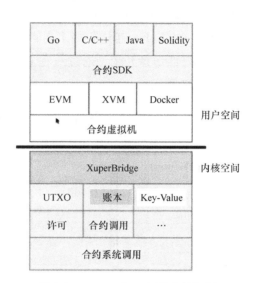

图 3-26　XuperChain 智能合约架框

XuperChain 智能合约特色：

1）丰富的智能合约模板，保证场景简单应用：系统提供基于功能和基于业务场景的智能合约模板，包括存证、溯源、积分管理等，能满足政务、金融、医药等多领域，支持多种应用场景的快速接入。

2）完善的合约开发者工具集，保证便捷性：系统将提供在线 IDE、编辑器集成、静态分析工具、测试框架以及合约基础库，使业务开发更加便捷。

3）多语言支持，降低开发门槛：在支持业务方面，使用 Java、Python、NodeJs 等语言SDK 访问区块链网络，支持使用 Java、Go、C++、Solidity 等语言编写智能合约，并支持根据业务需求便捷拓展，降低研发和使用门槛。

4）精准资源度量，保证安全性：支持按照 WASM 指令、内存和磁盘计费，形成有效的激励机制和防止 DDoS 攻击，WASM 最小化外部依赖，线性内存减少内存缺陷；基于 LLvm 的静态分析，保证智能合约安全可控。

5）合约预执行性能高，保证业务运行效果：合约 AOT 执行，对象代码缓存；合约实例上下文独立，并行执行；读写集缓存，保证智能合约高性能执行，满足业务需求。

3.4.6　事务流程与事务引擎

首先是 XuperChain 的事务流程，即链上事务的交互处理流程。XuperChain 事务处理采用的是两阶段提交流程：预执行阶段和提交阶段。用户通过预执行的方式得到组装交易的原始信息，主要包括两部分，一部分是合约执行生成的读写集和合约执行结果，另一部分是用于支撑转账的 UTXO 列表。用户拿到这两部分数据后在本地组装交易并提交到网络中的某个全节点[⊖]，节点执行成功后会广播给网络中其他全节点，整个过程通过类似于 MVCC 的机制避免整体加锁，不同于一般的读写集机制，超级链中交易的读集引用不需要绑定区块高度，未确认交易的输出也可被引用，进一步提升了性能测试的整体吞吐。此外，在工程实现方面也做了大量的优化。例如，底层的 Key-Value 存储支持多盘存储以避免输入/输出（Input/Output，I/O）瓶颈，通过内存缓存降低访盘开销，通过线程避让机制保障准时出块等。具体 XuperChain 事务处理流程如图 3-27 所示。

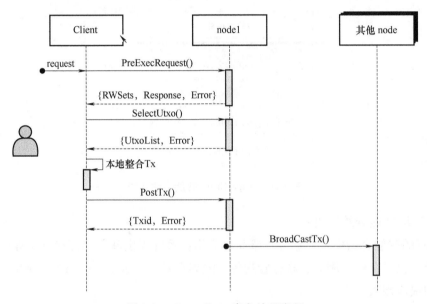

图 3-27　XuperChain 事务处理流程

　　预执行阶段，首先由用户向 Client 发送一个请求 request，随后 Client 会向链上的某个全节点 node1 也发起一份事务的请求 PreExecRequest()，这个请求可以是一次转账或者一次合约调用，node1 收到之后会为该客户端返回一个事务预执行的结果。如果是转账的事务，则会得到一个 UTXO 的输入和输出；如果是智能合约的调用，那么会得到一个合约执行之后的读写集 RWSets 以及执行结束的一个响应值 Response，然后客户端根据具体执行需要执行 SelectUtxo()，到此一个交易执行所需要的全部构成已经准备好了，之后将所有构成部分在本地进行一次打包。进行本地打包的原因是此过程是由用户进行确认并签名之后才能完成的，这样可以保证数据的安全和隐私。打包完成后，用户可以从 PostTx() 接口提交已确认

　⊖　区块链网络中的节点分为全节点和轻节点。全节点将下载区块链中的每笔交易并验证其有效性。这会消耗大量资源和数百 GB 磁盘空间，但是这些节点是最安全的，因为它们将不接收包含无效事务的块。轻节点不需要下载或验证任何交易。它们仅下载块头并假定该块中包含的事务都是有效的。轻节点的安全性低于全节点的安全性。

打包的交易信息，在这之前，链上不会有任何的状态改变，这也是 XVM 沙盒环境提供的好处。等到网络中的 node1 接收到打包后提交的交易信息时，会将其广播给网络中的其他全节点（Other Nodes），进入真正的执行阶段，等到交易执行完成上链以后，链上的状态信息才会发生改变，到此，整个执行过程全部结束。

3.4.7　共识框架

1. 框架概览

区块链系统大多采用去中心化的分布式设计，节点分布在各处，为了维护整个系统的执行顺序和公平性，要设计一套完善的制度来统一区块链的版本，并对维护区块链的使用者给予奖励，对恶意破坏的使用者给予惩罚。这样的奖惩制度要采用某种方式来证明，谁对区块链有贡献，谁取得了第一个区块链的打包权（或称记账权），就可以获取打包这一个区块的奖励；又或者是谁意图进行危害，就会获得一定的惩罚。这些都是区块链系统的共识机制需要解决的问题。

随着区块链应用落地场景越来越多，很多适应不同应用场景的共识算法先后被提出。但是在当前的技术背景下，功能过于全面的共识算法无法真正可用。在新一代区块链共识机制的设计过程中，根据实际应用场景，有的放矢地选择去中心化、节能、安全等设计原则，不同的应用场景对这些原则的侧重点不同，对它们进行取舍，将一定程度上提升系统的整体运行效率。

XuperChain 在设计上是一个通用的区块链框架，它的共识模块是一个能够复用底层共识安全的共识框架，使用者可以方便地进行二次开发或者按照自己的需求定制属于自己的链，而不需要考虑底层的共识安全和网络安全，如图 3-28 所示。

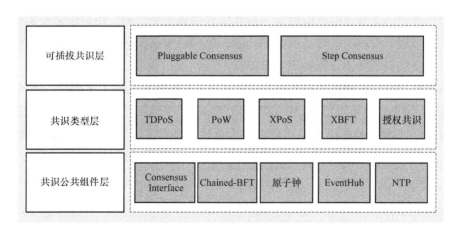

图 3-28　XuperChain 共识框架概览

整个框架自底向上包括 3 层：

1）共识公共组件层：该层主要是不同共识可以共用的组件，包括共识公共节

Consensus Interface、Chained-BFT、原子钟等。该层可以为链提供底层的共识安全性保障。

2）共识类型层：中间层为 XuperChain 以及支持或者即将支持的共识类型，主要包括 TDPoS、工作量证明、XPoS 等。该层基于底层的共识安全能力。在这一层，用户可以定义具有自己特色的共识类型，如类似 TDPoS 的这种选举机制的共识，也可以定义 Stakeing 等的相关逻辑。

3）可插拔共识层：最上层是可插拔共识的运行态，包括 Pluggable Consensus 和 Step Consensus。该层主要负责维护链从创建到当前高度的共识的所有升级历史。

XuperChain 是一个多链架构，其中单个链的主要逻辑在 core/xchaincore.go 文件中，与共识模块交互的函数主要有两个，分别是 Miner( ) 和 SendBlock( )（XuperChain v5.1+版本中关于此部分有更新，实战中可以根据对应版本查看文档）。

交易的确认过程主要有以下流程：

1）用户提交交易到网络，交易执行完后进入未确认状态，并记录在交易的未确认列表的 TxPool 中。

2）节点的 Miner 流程通过访问 Consensus 模块判断自己是否为当前的矿工。

3）当节点判断自己是矿工时，需要从 TxPool 中拉取交易并进行区块的打包。

4）当矿工完成打包后会将区块广播给其他的验证节点，同时会通过第 7 步将区块写入账本。

5）如果某个时刻其他节点判断自己是矿工，同样会按照上述步骤进行区块打包，打包完后会将区块广播给该节点。

6）节点收到区块后，会调用 Consensus 模块进行区块的有效性验证。

7）矿工打包完后或者验证节点收到一个有效的区块后，将区块写入账本。

整个共识框架主要有两套接口，分别是共识基础接口和共识安全接口，适用的场景不同。如果用户希望定义自己的共识功能并独立负责共识安全，那么用户仅需要实现共识基础接口即可；如果用户希望定义自己的共识功能，但是希望框架底层能帮助保证共识安全，那么用户需要实现共识基础接口和共识安全接口。

共识基础接口是共识模块的核心接口，是与 Core 模块交互的主要部分。其中最核心的部分主要是 CompeteMaster 和 CheckMinerMatch。CompeteMaster 是一个节点判断自己是否为主的主要逻辑，CheckMinerMatch 是节点收到一个区块验证其区块有效性的主要逻辑。

```
// consensus/base/consensusinterface.go
type ConsensusInterface interface {
    Type()string
    Version()int64
    InitCurrent(block * pb.InternalBlock)error
      Configure (xlog log.Logger, cfg * config.NodeConfig, consCfg map
[string]interface{},extParams map[string]interface{})error
```

```
    CompeteMaster(height int64)(bool,bool)
    CheckMinerMatch (header * pb.Header, in * pb.InternalBlock)(bool,er-
ror)
    ProcessBeforeMiner(时间戳 int64)(map[string]interface{},bool)
    ProcessConfirmBlock(block * pb.InternalBlock)error
    GetCoreMiners()[] * MinerInfo
    GetStatus() * ConsensusStatus
}
```

共识安全接口是保证底层共识安全的核心接口，共识框架底层支持了 Hotstuff 算法的高性能的共识安全模块 Chained-BFT，暴露出了 PacemakerInterface 和 ExternalInterface 接口。其中，PacemakerInterface 是 Chained-BFT 的活性保证。此外，为了扩展 Chained-BFT 安全模块能够应用于更多的仲裁类型，底层 Chained-BFT 在设计上并不需要理解仲裁的具体内容，通过 ExternelInterface 与外层的共识进行通信。

2. Chained-BFT 共识公共组件

XuperChain 底层有一个共识的公共组件，为 Chained-BFT，其是 HotStuff 算法的实现。HotStuff 是一种简洁而优雅的拜占庭容错改进算法。HotStuff 提出了一个 3 阶段投票的拜占庭容错类共识协议，该协议实现了安全性、活跃性、响应性。通过在投票过程中引入门限签名实现了 $O(n)$ 的消息验证复杂度。Basic HotStuff 信息传递如图 3-29 所示，它具有以下优点：

1）在设计中将活跃性和安全性解耦开来，使得与其他的共识进行扩展非常方便。

2）将拜占庭容错过程拆解成 3 个阶段，每个阶段都是 $O(n)$ 的通信。

3）允许一个节点处于不同的视图，并且将视图的切换与区块结合起来，使得其能够实现异步共识，进一步提升共识的效率。

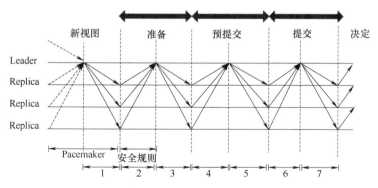

图 3-29　Basic HotStuff 信息传递

XuperChain 中目前基于 Chained-BFT 的算法有 XPoA、XPoS。Chained-BFT 中，区块需要在 3 个块产出后才被最终一致确认，这是 HotStuff 算法的结构造成的。HotStuff 中明确了基本算法 Basic HotStuff 和链式算法 Chained-HotStuff 的概念，其中，Chained-HotStuff 是 Basic

HotStuff 的流水线链式结构，也是 XuperChain Chained-BFT 的算法原型。Basic HotStuff 也被分成了 3 个阶段：准备（Prepare）、预提交（Pre-Commit）、提交（Commit）。Chained-Hotstuff 并发操作了原本的 Basic HotStuff，将上一视图在所在阶段的信息发给下一视图的 Leader，从而形成了流水线操作，生成多个复制品（Replica），增加效率。正因为 Basic HotStuff 分为 3 个阶段，在完成 3 个阶段的信息过程后，才最终形成一次执行，即当前视图在 3 个视图之后才最终完成了信息收集与执行。在 Chained-BFT 中，视图与区块高度是一致绑定的，因此一个区块需要在 3 个区块后才被确认。

整个 Chained-BFT 主要包括 3 部分，分别是状态机、安全规则和 Pacemaker 接口。

状态机是 Chained-BFT 的核心实例。它的主要作用有以下几点：

1）维护节点链的 Chained-BFT 共识状态机。

2）在外层共识的驱动下发起新视图和新提案等消息并更新本地状态。

3）处理其他验证节点的消息并更新本地状态。

Safety Rule 是一个验证节点是否要接收一个新提案的安全性规则，主要有 3 条：

1）判断当前提案的 View 值是否大于本地锁定的提案的 View 值。

2）验证当前提案中上一个提案的投票信息有效性和投票个数是否大于系统矿工数量的 2/3。

3）验证当前提案的 ProposalMsg 是否有效。

当一个验证节点收到一个新的提案时，如果满足上述安全规则的认证，则会给这个提案进行投票，否则拒绝这次提案。

HotStuff 算法的一大特点就是将共识的活跃性和安全性分开。Pacemaker 接口是 HotStuff 算法 Pacemaker 的接口定义，外层共识通过实现这些接口，可以推进内层共识的状态轮转。不同的外层共识可以有不同的实现。目前，XuperChain 已经实现了 DPoS+HotStuff，具体方案如图 3-30 所示。

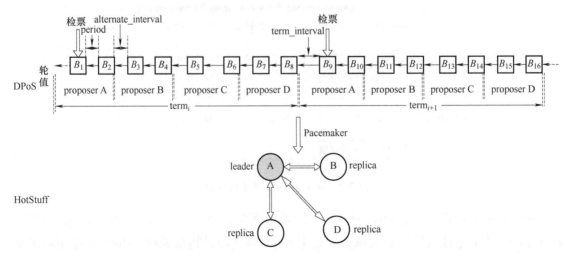

图 3-30　DPoS+HotStuff 具体方案

3. XPoS 共识

XPoS 是 XuperChain 的一种改进型的股份授权证明算法，它是在一段预设的时间长度（一轮区块生产周期）内选择若干个验证节点，同时将这样一轮区块生产周期分为 N 个时间段，这若干个候选节点按照约定的时间段协议协同挖矿的一种算法。候选人选举示意图如图 3-31 所示。在选定验证节点集合后，XPoS 通过 Chained-BFT 算法来保证轮值期间的安全性。总结一下，整个 XPoS 主要包括两大阶段：

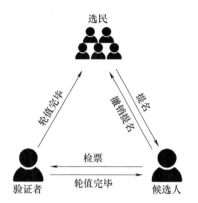

图 3-31　候选人选举示意图

1）验证人选举，通过权益证明相关选举规则选出一个验证者集合。

2）验证人轮值，验证者集合按照约定的协议规则进行区块生产。

在 XPoS 中，网络中的节点有 3 种角色，分别是"选民""候选人""验证者"。选民：所有节点拥有选民的角色，可以对候选节点进行投票；候选人：需要参与验证人竞选的节点通过注册机制成为候选人，通过注销机制退出验证人竞选；验证者：对每轮的第一个节点进行检票，检票较高的 K 个候选人组成集合，成为该轮的验证人。被选举出的每一轮区块生产周期的验证者集合，负责该轮区块的生产和验证，某个时间片内会有一个矿工进行区块打包，其余的节点会对该区块进行验证。

网络中的 3 种角色之间是可以相互转换的，转换规则如下：

1）所有地址都具有选民的特性，可以对候选人进行投票。

2）选民经过"候选人提名"接口成为候选人，参与竞选。

3）候选人经过"候选人退选"注销接口退出竞选。

4）候选人经过检票产出验证者，得票 Top K 的候选人当选验证者。

5）验证者轮值完恢复候选人或者选民角色。

节点想要参与竞选，需要先被提名为候选人，只有被提名的地址才能接收投票。为了收敛候选人集合，并一定程度上增加候选人参与的门槛，提名为候选人会有很多规则，主要有以下几点：

1）提名候选人需要冻结燃料，并且金额不小于系统总金额的十万分之一。

2）该燃料会被一直冻结，直到节点退出竞选。

3）提名支持自提和他提，即允许第三方节点对候选人进行提名。

4）被提名者需要知晓自己被提名，需要对提名交易进行背书。

候选人被提名后，会形成一个候选人池子，投票需要针对该池子内部的节点进行。XPoS 的投票也有很多规则，主要有以下几点：

1）任何地址都可以进行投票，投票需要冻结燃料，投票的票数取决于共识配置中每一票的金额，票数=冻结金额/投票单价。

2）该燃料会被一直冻结，直到该投票被撤销。

3）投票采用博尔达计分法，支持一票多投，每一票的投票次数为设置的验证者个数，每一票投给不同候选人的票数相同。

候选人轮值：每一轮开始的第一个区块会自动触发检票的交易，该交易会进行下一轮候选人的检票，被选举出的节点会按照既定的时间片协同出块，每一个区块都会请求所有验证节点的验证。XPoS 的时间片切分如图 3-32 所示。

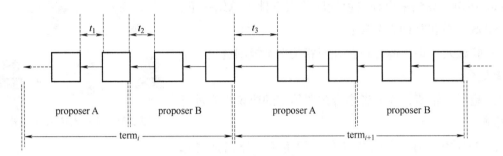

图 3-32　XPoS 的时间片切分

为了降低切片时造成分叉，XPoS 将出块间隔分成了 3 个。

t_1：表示同一轮内同一个矿工的出块间隔。

t_2：表示同一轮内切换矿工时的出块间隔，需要为 t_1 的整数倍。

t_3：表示不同轮间切换时的出块间隔，需要为 t_1 的整数倍。

XPoS 验证节点轮值间隔 $\text{term}_{i,i=1,\cdots,n}$ 过程中，采取了 Chained-BFT 来防止矿工节点的作恶。

XPoS 实现主要在 consensus/tdpos 路径下（XuperChain v5.1+版本中此部分有更新），其主要是通过智能合约的方式实现的，主要有以下几个合约方法：

```
voteMethod="vote"
// 候选人投票撤销
revokeVoteMethod="revoke_vote"
// 候选人提名
nominateCandidateMethod="nominate_candidate"
// 候选人删减
revokeCandidateMethod="revoke_candidate"
// 验证者生成
checkvValidaterMethod="check_validater"
```

4. XPoA 共识

XPoA 是 XuperChain 对 PoA 的一种实现，其基本思想是在节点中动态设定一组验证节点，验证节点组在预设的时间段内进行组内轮流出块（称为轮值），即其余节点在某特定验证节点 V 出块的时间段内统一将交易发送给 V，交易由该验证节点 V 打包成区块。XPoA 支持动态变更验证节点，可以通过指令修改现有的验证节点组，包括对当前验证节点组进行删除和添加操作。在该算法中，预设时间段包括确定单个区块的出块时间，以及验证节点单次轮值出块数量。同样，XPoA 通过 Chained-BFT 算法来保证轮值期间的安全性。

在 XPoA 中，网络中的节点有两种角色，分别是"普通节点"和"验证节点"。普通节点仅对验证节点进行验证，计算当前时间点下验证节点的地址是否与计算结果吻合。验证节点进行区块打包工作。在更改验证节点组的过程中，多数验证节点需确定更改结果，添加和删除操作方能生效。验证节点组信息通过合约调用进行修改，流程主要有以下几点：

1）在收到该信息后，验证节点通过签名信息确认交易真实性。

2）验证节点在 UtxoVM 中进行系统调用并更新当前验证者集合读写集。

3）验证者集合并不会立即影响当前共识，在 3 个区块后集合才能生效。

每一轮的时间在配置文件 xuper.json 中指定，在单轮时间段内，区块打包由目前验证节点组中的节点按顺序轮流完成。在通过合约发起验证节点变更后，变更会在 3 个区块后触发，然后验证节点按照新的验证组继续进行轮值，具体流程如图 3-33 所示。

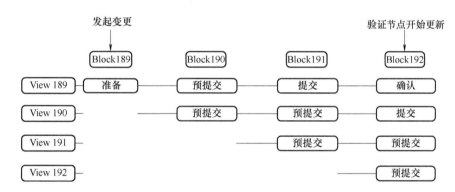

图 3-33　验证节点间轮值

XPoA 实现主要在 consensus/xpoa 路径下，其主要是通过智能合约的方式实现的，合约在 contract-sdk-cpp/example/xpoa_validates/src 路径下，主要有以下几个合约方法：

```
/*XPoA 添加一个新的候选人节点*/
DEFINE_METHOD(Hello,add_validate){   ...}
/*XPoA 删除一个候选人节点*/
DEFINE_METHOD(Hello,del_validate){   ...}
/*XPoA 更新一个候选人节点信息*/
DEFINE_METHOD(Hello,update_validate){   ...}
/*查询当前候选人节点信息*/
DEFINE_METHOD(Hello,get_validates){   ...}
```

核心接口函数如下：

```
func(xpoa * XPoa)minerScheduling(时间戳 int64)(term int64,pos int64,
blockPos int64){
    // 轮值时间调度计算规则
    ...
    return
}
func(xpoa * XPoa)getCurrentValidates()([] * cons_base.CandidateInfo,
int64,int64,error){
    // 获取当前验证组信息,若无法查询,则使用 xuper.json 初始化值
    ...
    return candidateInfos.Proposers,confirmedTime,confirmedHeight,nil
}
func(xpoa * XPoa)updateValidates(curHeight int64)(bool,error){
    // 查询当前验证组,判断当前时间点是否需要更新验证组
    ...
    return true,nil
}
func(xpoa * XPoa)updateViews(viewNum int64)error {
    // 获取当前验证节点以及下一验证节点,创建下一轮新视图
    ...
     return xpoa.bftPaceMaker.NextNewView(viewNum,nextProposer,propos-
er)
}
func(xpoa * XPoa)getProposerWithTime(时间戳,height int64)(string,error){
    // 根据当前时间戳计算当前验证节点是谁并返回其地址
    ...
    return xpoa.proposerInfos[pos].Address,nil
}
```

5. Single 及工作量证明共识

Single 以及工作量证明属于不同类型的区块链共识算法。其中，工作量证明是通过解决一道特定的问题从而达成共识的区块链共识算法；Single 亦称为授权共识，在一个区块链网络中授权固定的 Address 来记账本。Single 一般在测试环境中使用，不适合大规模的应用环境。工作量证明适用于公有链应用场景。

Single 共识算法流程：

1）对于矿工，Single 是固定 Address 且周期性出块，因此在调用 CompeteMaster 时主要判断当前时间与上一次的出块时间间隔是否达到一个周期。

2）对于验证节点，除了密码学方面必要的验证之外，还要验证矿工与本地记录的矿工是否一致。

3）工作量证明共识每次调用 CompeteMaster 都返回 True，表明每次调用 CompeteMaster 的结果都是矿工该出块了。

4）对于验证节点，除了密码学方面必要的验证之外，还要验证区块的难度值是否符合要求。

要在 XuperChain 中使用 Single 或工作量证明共识，只需修改 data/config 中的创世区块配置即可。Single 共识的创世区块配置如下：

```
{
    "version":"1",
    "consensus":{
        #共识算法类型 "type":"single",
        #指定出块的 Address
"miner":"dpzuVdosQrF2kmzumhVeFQZa1aYcdgFpN"
    },
    #预分配
"predistribution":[{
        "address":"dpzuVdosQrF2kmzumhVeFQZa1aYcdgFpN",
        "quota":"100000000000000000000000"
    }],
    #区块大小限制 "maxblocksize":"128",
    #出块周期 "period":"3000",
    #出块奖励 "award":"428100000000",
    #精度 "decimals":"8",
    #出块奖励衰减系数 "award_decay":{
        "height_gap":31536000,
        "ratio":1
    },
    #系统权限相关配置 "permission":{
        "CreateAccount":{
            "rule":"NULL",
```

```
        "acl":{}
    },
    "SetAccountAcl":{
        "rule":"NULL",
        "acl":{}
    },
    "SetContractMethodAcl":{
        "rule":"NULL",
        "acl":{}
    }
  }
}
```

工作量证明共识的创世区块配置如下：

```
{
    "version":"1",
    #预分配
"predistribution":[{
        "address":"Y4TmpfV4pvhYT5W17J7TqHSLo6cqq23x3",
        "quota":"1000000000000000"
    }],
    "maxblocksize":"128",
    "award":"1000000",
    "decimals":"8",
    "award_decay":{
        "height_gap":31536000,
        "ratio":0.5
    },
    "genesis_consensus":{
        "name":"工作量证明",
        "config":{
            #默认难度值 "defaultTarget":"19",
            #每隔10个区块做一次难度调整 "adjustHeightGap":"10",
            "expectedPeriod":"15",
```

```
        "maxTarget":"22"
      }
    }
}
```

Single 共识的原理简单，不再赘述。工作量证明共识是解决一道难题的过程，执行流程如下：

第一步，每隔一个周期就判断是否接收到新的区块。若是则跳出解决难题流程；若不是则进行第二步。

第二步，判断当前计算难度值是否符合要求。若是则跳出难题解决流程；若不是则难度值加 1，继续执行第一步。

3.4.8　XuperChain 监管机制

XuperChain 是一个具备政府监管能力的区块链系统。在设计上需要充分考虑监管和安全问题，做到安全可控。基于此，在 XuperChain 底层设计了一个监管合约的机制，通过该机制，XuperChain 具备了对链上用户的实名、交易的安全检查等监管能力。

XuperChain 在初始化时，可以通过创世区块配置的方式，配置这条链是否需要支持监管类型。对于配置了监管合约的链，这个链上所有的事务发起，无论是转账还是合约调用，系统都会默认插入监管合约的执行，执行结果体现在读写集中，执行过程不消耗用户资源，所有节点可验证执行结果。目前，XuperChain 支持的监管合约主要有以下几个：

实名制合约：Identity。

DApp 封禁合约：Banned。

合规性检查合约：complianceCheck。

交易封禁合约：Forbidden。

创世区块配置时新增了 reserved_contracts 配置，内容如下：

```
"reserved_contracts":[    {
  "module_name":"wasm",
"contract_name":"identity",
  "method_name":"verify",
"args":{}    }]
```

在创世区块配置了 Identity 监管合约后，准备搭建网络，可选择搭建单节点网络还是多接点网络。网络搭建完成后，部署 Reserved 合约。

（1）编译实名合约

```
cd./contract-sdk-cpp
```

115

```
cp reserved/identity. cc example
./build. sh
```

（2）创建合约账户

在 XuperChain 中，所有的合约都是部署在具体的某个账户下的，所以为了部署实名合约，人们需要首先创建一个合约账户。注意，账户的拥有者可以修改其内合约 Method 的 ACL 权限管理策略，通过这种机制实现对谁可以添加实名状态和删除实名状态的控制。

```
# 快速创建合约方式
./xchain-cli account new --account 1111111111111111
```

（3）部署实名合约

部署合约需要消耗资源，所以先给上述合约账户转移一些资源，然后在合约内部署上面的合约：

```
#转移资源
./xchain-cli transfer --to XC1111111111111111@ xuper --amount 100000
#部署实名合约
# 通过 -a 的 creator 参数,可以初始化被实名的 AK
./xchain-cli wasm deploy --account XC1111111111111111@ xuper --cname iden-
tity -H localhost:37101 identity. wasm -a '{"creator":"addr1"}'
```

在 Reserved 合约部署之后，对合约进行调用：

合约调用的 JSON 文件如下：

```
{
  "module_name":"wasm",
  "contract_name":"identity",
  "method_name":"register_aks",
  "args":{
      "aks":"ak1,ak2"
  }
}
```

具体步骤：

```
# 生成原始交易
./xchain-cli multisig gen --desc identity_add. json --host localhost:37101
--fee 1000 --output tx_add. out
```

```
# 本地签名
./xchain-cli multisig sign --output tx_add_my.sign --tx tx_add.out
# 交易发送
./xchain-cli multisig send tx_add_my.sign --host localhost:37101 --tx tx_
add.out
```

删除实名信息，合约调用的 JSON 文件如下：

```
{
    "module_name":"wasm",
    "contract_name":"identity",
    "method_name":"unregister_aks",
    "args":{
        "aks":"ak1,ak2"
    }
}
```

具体步骤：

```
# 生成原始交易
./xchain-cli multisig gen --desc identity_del.json --host localhost:37101
--fee 1000 --output tx_del.out
# 本地签名
./xchain-cli multisig sign --output tx_del_my.sign --tx tx_del.out
# 交易发送
./xchain-cli multisig send tx_del_my.sign tx_del_compliance_sign.out
--host localhost:37101 --tx tx_del.out
```

进行实名信息验证，当用户向网络发起事务请求时，网络会验证交易中的 initiator 和 auth_require 字段是否都经过实名，如果都经过实名则通过，否则失败。

3.4.9　多盘散列

1. 背景

区块链中的账本数据通常只增不减，而单盘存储容量有上限。目前，单盘最高容量是 14TB 左右；以太坊账本数据已经超过 1TB，即使是在区块大小上精打细算的比特币账本也有 0.5TB 左右。区块链账本数据不断增加，单盘容量上限成为区块链持续发展的天花板。目前对 LevelDB 的多盘扩展方案，大部分采用了多个 LevelDB 实例的方式，也就是每个盘中一个单独的 LevelDB 实例。这种做法的好处是简单，不需要修改 LevelDB 底层代码，缺点是牺牲了多行原子写入的功能。在区块链的应用场景中，人们是需要这种多个写入操作原子性的，所以选择了改 LevelDB 底层模型的技术路线。

2. LevelDB 数据模型分析

1）Log 文件：写 Memtable 前会先写 Log 文件，Log 文件通过 append 的方式顺序写入。Log 文件的存在使得机器宕机导致的内存数据丢失得以恢复。

2）Manifest 文件：Manifest 文件中记录 SST 文件在不同 Level 的分布、单个 SST 文件的最大/最小 Key，以及其他一些 LevelDB 需要的元信息。

3）Current 文件：LevelDB 启动时的首要任务就是找到当前的 Manifest 文件，而 Manifest 文件可能有多个。Current 文件简单地记录了当前 Manifest 的文件名。

以上 3 种文件可以称为元数据文件，它们占用的存储空间通常是几十 MB，最多不会超过 1GB。

4）SST 文件：磁盘数据存储文件，分为 Level 0~N 多层，每一层都包含多个 SST 文件。单个 SST 文件容量随层次增加成倍增长，文件内数据有序。其中，Level 0 的 SST 文件由 Immutable 直接转存产生，其他层的 SST 文件由其上一层的文件和本层文件归并产生。SST 文件在归并过程中通过顺序写生成，生成后仅可能在之后的归并中被删除，而不会有任何的修改操作。

3. 核心改造点

LevelDB 的数据主要是存储在 SST（Sorted String Table）文件中，写放大的产生就是由于压缩时顺序读取 Level N 中的 SST 文件，并写出到 Level($N+1$) 的 SST 文件中而实现的。我们将 SST 文件分散在多块盘上存储，具体的方法是根据 SST 的编号进行取模散列，取模的底数是盘的个数。理论上，数据量和读写压力会均匀分散在多块盘上。

4. 使用方式

leveldb. OpenFile 有两个参数，一个是 DB 文件夹路径 path，另一个是打开参数 Options。如果要使用多盘存储，那么调用者需要设置 Options. DataPaths 参数，它是一个字符串数组，声明了各个盘的文件夹路径。

5. 扩容问题

假设本来有 N 块盘，扩容后有（$N+M$）块盘。对于已有的 SST 文件，取模的底数变了，可能会出现按照原有的取模散列不命中的情况。规则是：对于读打开，先按照（$N+M$）取模去打开，如果不存在，则遍历各盘直到能打开相应的文件，由于"打开"并不是频繁使用的操作，代价可接受，且 SST 文件的编号是唯一且递增的，所以不存在读取脏数据的问题；对于写打开，就按照（$N+M$）取模，因为写打开一定是生成新的文件。随着压缩的不断进行，整个数据文件的分布会越来越趋向于均匀分布在（$N+M$）个盘，扩容完成。

3.4.10 平行链与群组

1. 背景

XuperChain 具备平行链特性，能够实现业务的混合，确保整体架构性能上可以水平扩展。同时，平行链还具备群组特性，能够在一定程度上实现平行链隐私数据的隔离，只有群组内的节点才能有这个平行链的数据。

2. 术语

1）平行链：相对于主链而言，运行在 XuperChain 中的用户级区块链实例，用户通过调用主链的智能合约创建。平行链的功能与主链无区别，全网节点均可以获取平行链账本数据，实现整体架构水平可扩展。

2）群组：群组作用于平行链。具备群组特性的平行链，只有特定节点才拥有该平行链的账本数据。群组具备的特性包括私密性、动态性。

3. 架构

平行链的群组特性通过白名单机制来实现，在网络层进行过滤。平行链的群组架构如图 3-34 所示。

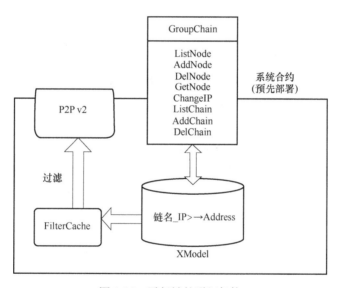

图 3-34　平行链的群组架构

4. 设计思路

（1）如何要支持群组

需要在 XuperChain 部署一个系统合约——GroupChain（一个网络有且仅有一个），这样做是为了保证兼容性。如果没有部署这个 GroupChain 合约，那么行为和旧版本一致。"<ChainName（平行链的名字），IP>→Address" 表示以<ChainName（前缀），IP（后缀）>为 Key，Address 为 Value 产生映射。为什么把 IP 放在 Key 中？这是为了方便做过滤时查找更快，直接获得。平行链名称作为前缀，可方便列出这条链的所有合法成员节点。备注：此处的 IP 代指一个 TCP 协议定位符，可以是 Libp2p 风格的网址。

（2）查询特定的链是否具备群组关系

Case1：部分链希望有群组特性，即只有特定的节点才能同步账本数据。

Case2：剩下的链期望所有节点都参与同步、验证区块。

基于以上两种场景，需要增加一层映射，即<平行链,是否支持群组>。

（3）修改（Address，IP）的映射关系

合约的 Owner（GroupChain 这个合约的 Owner）可以添加或删除 Address。节点也可以后期自己修改 IP（节点有权更换自己的 IP），合约里面会判断 Initiator()和 Address 是否一致，确保每个 Address 只能修改自己的 IP。

（4）平行链中转消息

必须确保目的 IP 在智能合约的映射表中存在，如果每次转发都通过查找数据库过滤 IP，那么性能会有影响，可以考虑在 P2P 中维护一个缓存。

3.4.11 跨链技术

近年来，随着区块链行业的蓬勃发展，产生了很多区块链系统，这些系统的底层协议各不相同。并且随着区块链被纳入新基建的范畴，如火如荼的区块链改造运动更加活跃，正在形成一个个新的数据孤岛。无论这些孤岛是基于相同的底层系统，还是不同的底层系统，其数据互通都非常困难，因此迫切需要一个解决方案能够系统地解决多链之间融合的问题，从而实现不同链之间的价值互通。

跨链（Cross-Chain），简单来说就是通过一定的技术措施实现相对独立的不同区块链系统之间数据和资产的链接互通。常见的跨链解决方案是针对资产类的，实现不同链之间任意数据的跨链互通难度会更高。图 3-35～图 3-37 分别为跨链资产互换图、跨链资产转移图和跨链任意数据图。

图 3-35　跨链资产互换图

图 3-36　跨链资产转移图　　　　图 3-37　跨链任意数据图

（1）跨链技术的主要挑战

生效的原子性对两个网络分别发起交易 Tx1、Tx2，那么如何保证要么都不生效，要么都生效？可以通过经典的两阶段提交来完成，两个交易互为锚点，锚点超过一段时间无效，就可以发起对交易的回滚。

锚点有效性校验指所有节点对锚点的有效性达成没有分歧的判断，不能依赖远程访问证明，因为网络不稳定因素可能会造成验证难的问题。

一般的区块链系统每个节点都会验证交易，以防止作恶。所以如果一个合约嵌入了外部链的合约调用，那么在验证阶段，如何确保各个节点验证结果的一致性，是否会依赖外链的稳定性，这些问题都需要解决。

（2）主流跨链方案

一般情况下，通过哈希时间锁可以保证跨链交易的原子性。对于两个比较独立的区块链系统，一般需要依赖一个第三方组件实现信息的交互。根据第三方组件是否执行验证可以分为公证人模式、侧链/中继模式等模式。根据不同链的交易是异步生效还是同步生效，可以分为异步模式和同步模式。

1）公证人模式。公证人模式由一个或者一组节点作为公证人参与到两条链中，进行双方交易的收集和验证。其优点是简单，缺点是弱中心化，如图 3-38 所示。

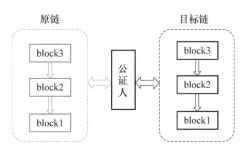

图 3-38　公证人模式

2）侧链/中继模式。侧链/中继模式是 2014 年 BlockStream 提出的一种跨链方案。其与公证人模式最大的区别在于其验证是在目标链进行的，通过双向锚定的方式实现资产在不同链之间的转移。目标链的验证方式各不相同，如 BTC-Relay 使用的是 SPV 技术，如图 3-39 所示。

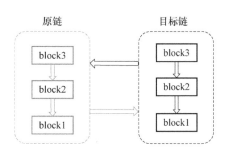

图 3-39　侧链/中继模式

3）异步模式。以太坊上很多预言机[⊖]类的 DApp 的实现方式采用的是异步模式。简单来说，是指发起调用的是一个函数，处理调用结果的是另一个回调函数，如图 3-40 所示。

  ⊖　预言机（Oracle Machine）是一种抽象计算机，在计算复杂度理论与可计算性理论中用来研究决定型问题。它可以被视为多了黑盒子（预言者）的图灵机，这个黑盒子的功能是在单一运算之内解答特定问题。

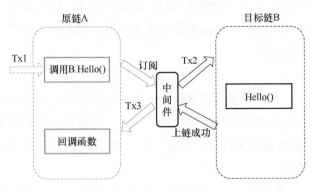

图 3-40 异步模式

异步调用场景下，一个完整流程需要 3 笔交易：先发送交易 Tx1 到 A 链，A 链代码执行到跨链调用函数时会触发一个事件，并且声明了回调函数，由一个中间件（单例）订阅到事件后，发起对 B 链调用的交易 Tx2，Tx2 上链成功后，中间件再触发回调函数来调用 Tx3。异步的缺点是业务逻辑被迫拆成很多碎片，交互次数多，编程不友好。

4）同步模式。对于同步模式，目前业界没有比较统一的方案，一般情况下，区块链上的合约在每个节点都会重复执行，如何保证重复执行的结果确定性、具备幂等性、无副作用是一个难解决的问题。但是现在很多区块链系统采取的是预执行再提交的方式，如 Xuper-Chain 和 Fabric，基于这种事务模式比较容易同步模式的跨链，如图 3-41 所示。

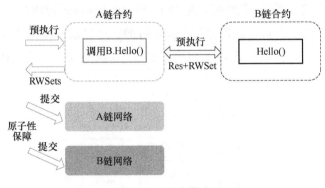

图 3-41 同步模式

3.4.12 可信账本技术

1. 背景

在大数据和人工智能时代，数据的广泛链接和应用导致隐私问题日益凸显。数据流通可以产生巨大的价值，而阻碍数据流通的主要因素就是数据隐私问题。保护数据安全既是对像百度这样的科技公司的要求，也是行业的底线。

为实现数据流通过程中的隐私保护，XuperChain 可信账本采用了 Intel SGX 和同态加密等多种技术，实现了数据隐私计算、数据权限管理和数据存证溯源功能（在 XuperChain v5.1+版本中，可信账本技术不再支持）。

2. 名词解释

可信账本基于百度 XuperChain 和 Mesatee 技术，支持合约数据加密存储及链上密文运算等功能。

TEE 是可信执行环境，是 CPU 的安全区域，它可以保护在其内部加载的代码和数据的机密性与完整性。

Software Guard Extensions（SGX）是 Intel 推出的基于 Intel CPU 的硬件安全机制。

Memory Safe TEE（Mesatee）是百度基于 Intel SGX 设计的内存安全的可信安全计算服务框架。

3. 架构设计

TEE SDK（TEE 软件开发工具包）是与 TEE 服务交互的入口，将编译为动态链接库被 XuperChain 调用，实现链上的隐私计算。

可信账本目前支持数据加密存储、数据权限管理、密钥托管和基本的密文计算功能，此部分代码暂未开源。

4. 应用场景

（1）密钥托管

利用 TEE 托管私钥，保证私钥无法被外部访问，同时支持利用 SGX 的 Sealing 技术进行私钥的持久化存储。

（2）链上隐私计算

可信账本可以实现链上的密文存储和计算，如姚氏百万富翁问题、安全 ID 求解等。在政务数据共享领域，经常有数据安全交换的需求，希望实现所谓的"可以分享数据，但是不能篡改数据"，本质上就是在如何保证数据所有权的前提下挖掘数据的价值，放心地让其他方使用自身数据。

（3）可信随机数

利用 TEE 可以生成可信随机数，联盟链节点之间可利用可信随机数进行共识。

【思考题】

1. 超级链的优势是什么？核心概念有哪些？怎么理解？

2. 超级链已经开源，你对超级链还有什么建议呢？

3. 你认为超级链的结构还有什么问题吗？如果有，应该怎么改进？

4. 超级链已经落地了很多的实际应用，你最希望实现哪种功能？在阅读后续章节之前，设想一下你的计划吧。

第 4 章
XuperChain 入门实践

4.1 环境准备

4.1.1 系统需求

系统配置：CPU≥2 核；MEM≥4GB。

操作系统：［Ubuntu 18.04.5 LTS］/［CentOS Linux release 7.9.2009］（或更高版本）。

GCC 版本：4.8.2（或更高版本）。

Golang：1.12（或更高版本），下载地址为 https://golang.org/dl/。

Docker：（C++合约编译需要使用 Gocker 标准环境）。

Git：用于下载 XuperChain 源码，Git 下载地址为 https://git-scm.com/download。

4.1.2 下载 Ubuntu 18.04.5 系统

百度超级链在 Linux 操作系统下实施操作。如果是 Windows 操作系统，那么建议在安装 VMware 虚拟机后配置 Ubuntu 18.04.5 系统。下面是配置 Ubuntu 18.04.5 系统的过程。

到官网下载对应版本的 Ubuntu 系统。选择图 4-1 中的 ubuntu-18.04.5-desktop-amd64.iso 文件。

	ubuntu-18.04.6-desktop-amd64.iso	2021-09-15 20:42	2.3G	Desktop image for 64-bit PC (AMD64) computers (standard download)
	ubuntu-18.04.6-desktop-amd64.iso.torrent	2021-09-16 21:46	188K	Desktop image for 64-bit PC (AMD64) computers (BitTorrent download)
	ubuntu-18.04.6-desktop-amd64.iso.zsync	2021-09-16 21:46	4.7M	Desktop image for 64-bit PC (AMD64) computers (zsync metafile)

图 4-1　Ubuntu 下载官网

4.1.3　配置虚拟机

打开 VMware 虚拟机首页，单击左上角的"文件"选项，再选择下拉菜单中的"新建虚拟机"命令，打开"新建虚拟机向导"欢迎界面，如图 4-2 所示。

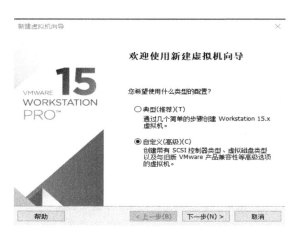

图 4-2　"新建虚拟机向导"欢迎界面

选择"自定义（高级）"单选按钮，单击"下一步"按钮，得到图 4-3 所示的界面。在"硬件兼容性"下拉列表框中选择"Workstation 15. x"选项。

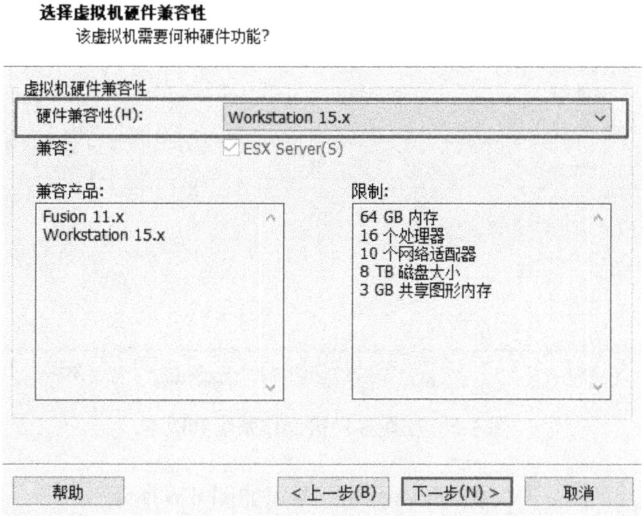

图 4-3　选择"虚拟机硬件兼容性"界面

单击"下一步"按钮，得到图 4-4 所示的界面。首先选择"安装程序光盘映像文件"单选按钮，单击"浏览"按钮，在对应文件夹中找到要安装的 Ubuntu 文件。

完成上述步骤后，选择"稍后安装操作系统"单选按钮，最后单击"下一步"按钮。在图 4-5 所示的界面中，客户机操作系统中选择"Linux 系统"，版本选择"Ubuntu 64 位"，

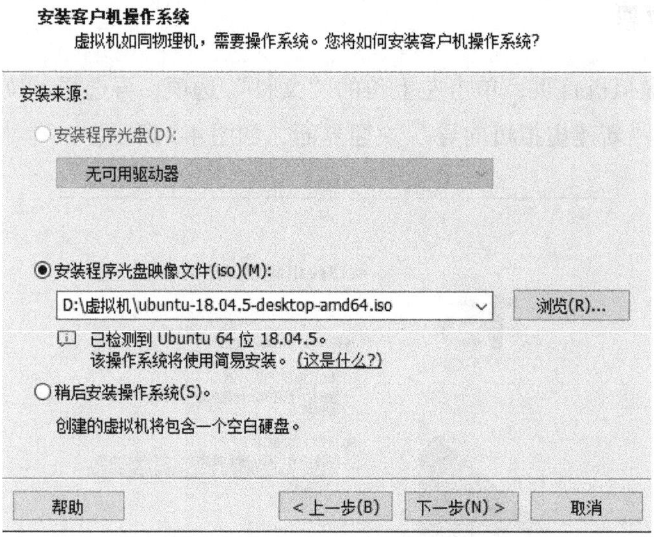

图 4-4 "安装客户机操作系统"界面

如图 4-5 所示。单击"下一步"按钮，得到"虚拟机命名"界面，在此界面可以修改虚拟机名称和虚拟机的储存位置。然后分配磁盘大小，默认是 20GB，可以分配为 40GB，从中选择"将虚拟磁盘拆分成多个文件"选项。

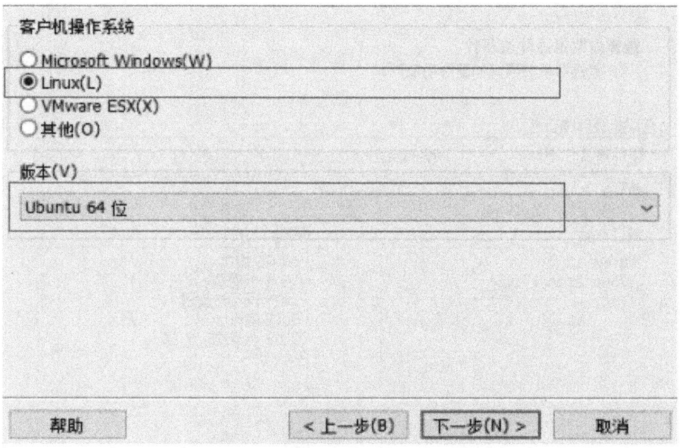

图 4-5 选择客户机操作系统和版本

设置好后，单击"下一步"按钮，得到的界面如图 4-6 所示。

单击"自定义硬件"按钮，可以修改虚拟机处理器配置、磁盘大小等。分配虚拟机内存时，根据计算机情况，分配 2GB 已经够用了。处理器配置也是根据自己的计算机情况自行分配的。然后在虚拟机设置中选中"CD/DVD（SATA）"，选择使用 ISO 映像文件，然后找到下载好的映像文件。注意，要勾选"启动时连接"复选框，要不然在启动时不能进入系统安装。设置完成后，开启虚拟机，准备安装系统。

已准备好创建虚拟机

单击"完成"创建虚拟机。然后可以安装 Ubuntu 64 位。

将使用下列设置创建虚拟机：

名称：	Ubuntu 18.04.5
位置：	D:\Virtual Machines\Ubuntu18.04.5
版本：	Workstation 15.x
操作系统：	Ubuntu 64 位
硬盘：	40 GB, 拆分
内存：	2048 MB
网络适配器：	NAT
其他设备：	4 个 CPU 内核, CD/DVD, USB 控制器, 打印机, 声卡

自定义硬件(C)...

< 上一步(B)　　完成　　取消

图 4-6　"已准备好创建虚拟机"界面

4.1.4　安装 Ubuntu 18.04.5 系统

语言选择"中文（简体）"，单击"安装 Ubuntu"按钮，如图 4-7 所示。

图 4-7　Ubuntu 语言选择

键盘布局选择"英语（美国）"，如图 4-8 所示。

接下来选择"正常安装"单选按钮，"其他选项"栏中的两个选项也可以选上，如图 4-9 所示。

安装类型选择"清除整个磁盘并安装 Ubuntu"单选按钮，如图 4-10 所示。单击"现在安装"按钮，在弹出的界面中选择地区之后输入用户名和密码。然后就等待安装，完成之后根据提示重启。至此，Ubuntu 系统安装完毕，如图 4-10 所示。

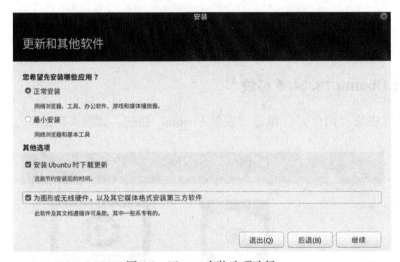

图 4-8　Ubuntu 键盘布局选择

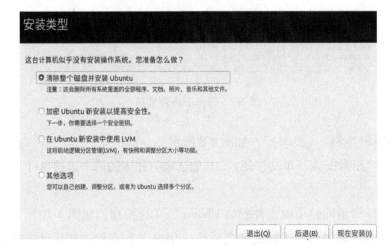

图 4-9　Ubuntu 安装选项选择

图 4-10　Ubuntu 安装类型选择

在登录界面输入密码即可登录。注意：如果密码有数字，则需要先按下键盘上的 NUM LOCK 按解锁数字键。

4.1.5 安装 GCC

GNU 编译器集合（GCC）是 C、C++、Objective-C、Fortran、Ada、Go、D 编程语言的编译器和库的集合。许多开源项目（包括 GNU 工具和 Linux 内核）都是用 GCC 编译的。这里介绍在 Ubuntu18.04 上安装 GCC 编译器的步骤。该步骤适用于 Ubuntu 16.04 和任何基于 Ubuntu 的发行版，包括 Kubuntu、Linux Mint 和 Elementary OS。为了能够在 Ubuntu 系统上添加新存储库和安装软件包，必须以具有根目录权限的用户身份登录。默认的 Ubuntu 存储库包含一个名为 build-essential 的元软件包，它包含 GCC 编译器以及编译软件所需的许多库和其他实用程序。

执行以下步骤安装 GCC：

（1）更新包列表

命令：

```
sudo apt update
```

（2）安装 build-essential 软件包

命令：

```
sudo apt install build-essential
```

该命令将安装一些新包，包括 GCC、G++和 make。

（3）检查安装状态

要验证 GCC 编译器是否已成功安装，使用 gcc --version 命令打印 GCC 版本。

命令：

```
gcc --version
```

4.1.6 安装 Golang

Go 语言是谷歌公司开发的编程语言。该语言专门针对多处理器系统应用程序的编程进行了优化，使用 Go 编译的程序可以媲美 C 或 C++程序的速度，而且更加安全、支持并行进程。

1. 下载

到 Go 官网下载 Go 安装包，这里以下载 1.12.1 版本为例，选择的是 Linux 64 位版本，即 go1.12.1.linux-amd64.tar.gz，如图 4-11 所示。

下载完成后，解压缩 go1.12.1.linux-amd64.tar.gz。

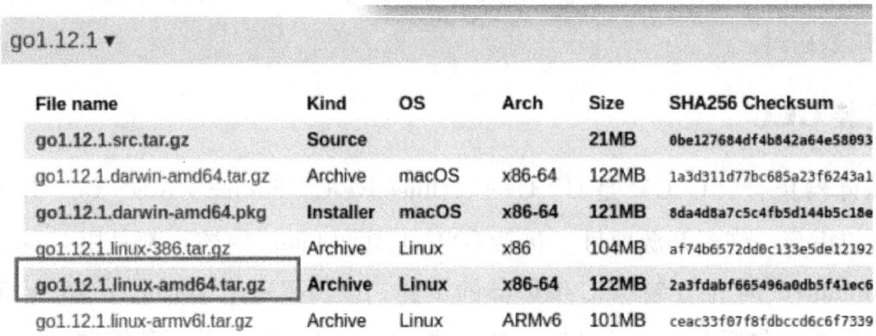

File name	Kind	OS	Arch	Size	SHA256 Checksum
go1.12.1.src.tar.gz	Source			21MB	0be127684df4b842a64e58093
go1.12.1.darwin-amd64.tar.gz	Archive	macOS	x86-64	122MB	1a3d311d77bc685a23f6243a1
go1.12.1.darwin-amd64.pkg	Installer	macOS	x86-64	121MB	8da4d8a7c5c4fb5d144b5c18e
go1.12.1.linux-386.tar.gz	Archive	Linux	x86	104MB	af74b6572dd0c133e5de12192
go1.12.1.linux-amd64.tar.gz	Archive	Linux	x86-64	122MB	2a3fdabf665496a0db5f41ec6
go1.12.1.linux-armv6l.tar.gz	Archive	Linux	ARMv6	101MB	ceac33f07f8fdbccd6c6f7339

图 4-11 Go 官网下载安装包

命令：

```
tar -zxvf go1.12.1.linux-amd64.tar.gz
```

将解压后的文件夹存储到自己平常使用的安装包位置，并设置 0777 权限。

命令：

```
sudo cp -rf go /usr/local
cd /usr/local
sudo chmod -R 0777 go
```

2. 配置 Go 环境变量

Go 语言的环境变量配置，需要两个值：

1）GOROOT 是系统上安装 Go 软件包的位置。

2）GOPATH 是工作目录的位置。

选择创建在/home/hadoop 目录下。

命令：

```
mkdir GOPATH
sudo chmod -R 0777 GOPATH
```

使用 sudo gedit ~/.bashrc 命令修改环境变量，在弹出的记事本中添加以下命令。同时也在 GOPATH 目录下创建 src 和 bin 目录。

命令：

```
export GOROOT=/usr/local/go              #GOROOT 是系统上安装 Go 软件包的位置
export GOPATH=/home/hadoop/GOPATH     #GOPATH 是工作目录的位置
export PATH=$GOPATH/bin:$GOROOT/bin:$PATH
```

使用以下命令使环境变量生效，并可以查看环境变量。

命令:

```
source ~/.bashrc
```

使用同样的方法修改/etc/profile 文件, 为其添加 Go 环境变量。

3. 验证 Go 安装是否成功

输入以下命令查看 Go 版本, 同时验证 Go 是否安装成功。如果返回 go1.12.1 linux/ amd64, 则说明 Go 安装成功。

命令:

```
go version
```

4.1.7　安装 Docker

安装 Docker。

命令:

```
sudo apt-get install -y docker.io
```

等待安装完毕, 启动 Docker。

命令:

```
systemctl start docker
```

运行系统引导时启用 Docker。

命令:

```
systemctl enable docker
```

查看 Docker 版本。

命令:

```
docker version
```

现在 Docker 已经安装在系统上。用户可以从 Docker 库先下载 Docker Image 制作的容器。

4.1.8　资源下载

使用 git 命令下载源码到本地。

命令:

```
git clone https://github.com/xuperchain/xuperchain.git
```

另外, 还可以采用镜像下载, 下载速度会较快。

命令：

```
git clone https://github.com.cnpmjs.org/xuperchain/xuperchain.git
```

4.1.9 编译 XuperChain

命令：

```
cd src/github.com/xuperchain/xuperchain
make
```

得到如下的结果即表明 XuperChain 项目编译成功，并且创建了 output 目录。output 目录下的主要目录有 data、logs、conf 和 plugins 等，二进制文件有 xchain 和 xchain-cli。

```
mkdir -p output
output_dir=output
mv xchain-cli xchain output
mv xcahin-httpgw output
mv wasm2c output
mv dump_chain output
mv xdev output
mv relayer output
...
mkdir -p output/data/blockchain
```

编译后得到的 output 文件中，各目录的目录名和功能如图 4-12 所示。

目录名	功能
output/	节点根目录
├─ conf	xchain.yaml:Xchain 服务的配置信息（注意端口冲突）plugins.conf: 插件的配置信息
├─ data	数据的存放目录、创世区块信息，以及共识和合约的样例
│ ··· ├─ blockchain	账本目录
│ ··· ├─ keys	此节点的地址，具有全局唯一性
│ ··· ├─ netkeys	此节点的网络标识ID，具有全局唯一性
│ ··· └─ config	包括创始的共识、初始的资源数、矿工奖励机制等
├─ logs	程序日志目录
├─ plugins	so扩展的存放目录
├─ xchain	Xchain服务的二进制文件
├─ xchain-cli	Xchain客户端工具
└─ wasm2c	WASM工具（智能合约会用到）

图 4-12　XuperChain 编译产出目录名和功能

4.2　XuperChain 网络部署

4.2.1　创建 XuperChain 单节点网络

1. 搭建网络相关概念

传统网络结构中会有一个中心节点来控制整个网络中的其他节点，当中心节点出现异常时，会导致整个网络不可用。而区块链网络是一个典型的 P2P 网络，每一个节点都具有完整的数据，可独立对外界提供服务；同时每个节点都是对等的关系，节点之间可以相互通信。

在搭建一个区块链网络时，会面临以下几个问题：

首先是节点层面的问题，也就是创世区块的问题。创世区块表示区块链中的第一个区块，如果从抽象的角度看区块链的数据结构，区块链就是一个以哈希值为指针域的链表，当产生一个新区块时，就以前一个区块的 Block ID 和该区块的数据共同生成一个哈希值，当哈希值可以被接收时，就把新产生的区块加入区块链中。从新节点往前回溯，一直到第一个节点，就是创世区块，因此在搭建一个区块链网络时，必须保证所有的创世区块是一致的。如果存在两个创世区块，就会导致产生两条完全不同的区块链。

其次是网络层面的问题。例如，一个新的节点如何加入区块链网络，即节点准入问题；工作时哪一个节点进行出块，即共识机制的选择问题。以上都是在搭建区块链网络时需要注意的。

下面以"搭建高校区块链网络，用于区块链智能合约应用开发"为场景，进行 XuperChain 基本操作的介绍。

（1）网络搭建指标

关于网络环境方面，如果只希望在学校内部访问，那么采用局域网即可；如果希望在校外也可访问，则需要公网环境。本示例选择公网环境。在合约调用性能方面，根据课堂容量做预估，采用 TPS<500。

（2）技术选型

基于场景与指标的约束，做如下选型：共识机制选择工作量证明，哪一个节点的算力强，就可以算出指定目标的哈希值，该节点就具有出块的权限。工作量证明共识适用于公有链，所有节点都可以自由加入，都有打包区块的权限。网络选择 P2P v2，支持 NAT 穿透功能，主要用于公开网络的场景。

（3）区块大小

这里区块选择 16MB。理论上，区块越大，一次可打包的交易数量越多，整个区块链的吞吐就会比较高。同样在公网环境下，同步区块效率也会影响全网同步区块的时间，导致链分叉，影响交易的最终确认。

在 4.1.9 小节编译 XuperChain 产出的 output/data/config 目录中，含有 xuper.json 文件，该文件含有创世区块的配置信息。一个区块链网络所有的决定性配置都在 xuper.json 文件中。

```json
{
    "version":"1",
    "predistribution":[
        {
            "address":"XGRJsjFQrf3cEaFeYfwh3LibjdCszVbWk",
            "quota":"1000000000000000"
        }
    ],
    "maxblocksize":"16",
    "award":"1000000",
    "decimals":"5",
    "award_decay":{
        "height_gap":2102400,
        "ratio":0.5
    },
    "new_account_resource_amount":1000,
    "genesis_consensus":{
        "name":"工作量证明",
        "config":{
            "defaultTarget":"26",
            "adjustHeightGap":"10",
            "expectedPeriod":"60",
            "maxTarget":"28"
        }
    }
}
```

xuper.json 文件内容主要有以下几部分：

1）"predistribution"：预分配代币地址以及数量，所分配代币主要用于调用合约。

2）"maxblocksize"："16"：区块大小为 16MB。

3）"award"："1000000"：产生区块的激励，每产生一个区块就会给相应的矿工节点 1000000 代币。

4）"genesis_consensus"：表示工作量证明共识。

5）"expectedPeriod"："60"：表示出块周期为 60s。

6）"defaultTarget"："26"：表示默认挖矿难度，随着节点的不断加入，整个网络算力增加，通过控制产生的哈希值前几位为 0 来调整挖矿难度。

output/conf 目录中的 xchain. yaml 文件存储着整个节点相关的配置，包括节点对外服务的 RPC 端口和相应的配置，代码如下。

```
# node config
# 日志配置
log:
# 模块名称
module:xchain
# 日志目录
filepath:logs
# 日志文件名
filename:xchain
fmt:logfmt
# 是否打印命令行工具端口
console:false
# 日志等级
level:info
# RPC 服务暴露的端口
tcpServer:
port::37101
# prometheus 监控指标端口,为空时不启动
metricPort::37201
tls:false
# cachePeriod:2
# 能接收的最大数据包长度
# 区块链节点配置
p2p:
# module p2p 模块插件的名字,值为[p2pv2/p2pv1],默认值为 p2pv2
module:p2pv2
port:47101
#certPath:./data/tls/1
```

```
#serviceName:saas_test.server.com
#bootNodes:
#"/ip4/106.13.193.201/tcp/47101/p2p/QmZCQrEGDSAmkwgx65qvAi2rouKxne1PvqtH
NooZgCZnok"
#"/ip4/180.76.225.142/tcp/47101/p2p/QmcwTHmjYtm9yXsdqHwD3SAchDu11ErHMxC
u8wMQN2dXc2"
miner:
# 密钥存储路径
keypath:./data/keys
# 数据存储路径
datapath:./data/blockchain
# 多盘存储的路径
#datapathOthers:
# - /ssd1/blockchain
# - /ssd2/blockchain
# - /ssd3/blockchain
utxo:
# utxo 的内存 LRUCache 大小,表示内存中最多缓存多少个 UtxoItem
cachesize:2000000
# GenerateTx 的临时锁定期限,默认是 60s
  tmplockSeconds:60
  #单个块合约执行的总时间(单位为 ms)
  contractExecutionTime:500
kernel:
  # minNewChainAmount 设置创建平行链时最少要转多少钱到同链名 address
  minNewChainAmount:"100"
  newChainWhiteList:
    - jiqS6MrpdMZJgMLGkEY7DdpWASmfpcr7P:true
    - SJsRQKUWvDi8oZ45nfkoVB65ob1eyhTca:true
# 合约通用配置
contract:
  enableUpgrade:true
# wasm 合约配置
wasm:
```

```
  driver:"xvm"
  xvm:
    optLevel:0
# 管理 native 合约的配置
native:
  enable:false
  # docker 相关配置
  docker:
    enable:false
    # 合约运行的镜像名字
    imageName:"docker. io/centos:7. 5. 1804"
    # CPU 核数限制,可以为小数
    cpus:1
    # 内存大小限制
    memory:"1G"
# 停止合约的等待秒数,超时强制杀死
    stopTimeout:3
# 插件配置文件路径
pluginConfPath:". /conf/plugins. conf"
# 是否启用 P2P 核心节点直连
coreConnection:false
txidCacheExpiredTime:"10s"
# 是否压缩交易/区块
enableCompress:true
# 块广播模式
blockBroadcaseMode:0
# 剪枝配置,即区块裁剪配置
prune:
  switch:false
  bcname:"xuper"
  targetBlockid:"xxx"
# 背书服务相关配置
xendorser:
  # 是否开启默认的 XEndorser 背书服务
```

```
enable:false
module:"default"
#confPath:"./conf/xendorser.yaml"
# 云存储配置(AWS S3 接口兼容)
cloudStorage:
bucket:"xchain-cloud-test"
path:"node1"
ak:""
sk:""
region:"bj"
endpoint:"s3.bj.bcebos.com"
localCacheDir:"./data/cache"
```

2. 搭建单节点网络流程

（1）生成矿工节点账户密钥（AK）

所有命令在节点路径 xuperchain/output 下执行。

命令：

```
./xchain-cli account newkeys
```

默认的 AK 位于 output/data/keys 目录，包含 address、private.key、public.key 这 3 个文件。

（2）生成网络密钥

命令：

```
./xchain-cli netURL gen
```

（3）创建区块链的第一个区块（创世区块）

在启动 XChain 服务之前，首先需要创建一条链（创世区块），XChain 客户端工具提供了此功能。

命令：

```
./xchain-cli createChain
```

这样就使用 config/xuper.json 中的配置创建了一条链，此时 data/blockchain 中会生成 xuper 目录，里面即是创建的链的账本等文件。

（4）启动节点服务

通过启动节点命令启动服务，还可以配合多种参数使用，详见命令行的-h 输出。

命令：

```
nohup ./xchain &
```

（5）查询节点状态信息

命令：

```
./xchain-cli status
```

返回节点状态信息：

返回结果：

```
{
  "blockchains":[
    {
      "name":"xuper",
      "ledger":{
        "rootBlockid":"35dfdf79bdc46f92b24bfffc3718fe20af0cad658ea72c-
4c29205d1398c2a173",
        "tipBlockid":"0000000e3e6f7070015ad2be5ff5b83dcf80fb28ee18b74-
bf931e26f5314a749",
        "trunkHeight":5602
      },
      "utxo":{
        " latestBlockid":" 0000000e3e6f7070015ad2be5ff5b83dcf80fb28ee-
18b74bf931e26f5314a749",
        "lockKeyList":null,
        "utxoTotal":"1000005602000000",
        "avgDelay":0,
        "unconfirmed":0,
        "maxBlockSize":16777216,
        "reservedContracts":[],
        "forbiddenContract":{
          "moduleName":"",
          "contractName":"",
          "methodName":"",
          "args":{},
          "resource_limits":null
        },
```

```
      "newAccountResourceAmount":1000,
      "irreversibleBlockHeight":0,
      "irreversibleSlideWindow":0,
      "gasPrice":{
        "cpu_rate":1000,
        "mem_rate":1000000,
        "disk_rate":1,
        "xfee_rate":1
      }
    },
    "branchBlockid":[
      "000000031b1ac9619e40b138a18ec1bbd0103ce58b851a269b0678f65e883037",
      "0000000408baac8c1353574eacdd0441fc315cc79c2e0e5c6c0278c766ef4466",
      "00000007c972b9eabcae3c3c02e0fd7a8a9c06883a9c560c6e2fc8f84844ae7c",
      "000000097eea43930f5362d592aebff42059a14514a4d9e222248fd151cd0c8d",
      "0000000e3e6f7070015ad2be5ff5b83dcf80fb28ee18b74bf931e26f5314a749",
      "0000001eb205eab2dc589c598332875cf9cc5c5e8eaed7680f56650b3ed2975b",
      "0000001f525f3c664934d05bcc6e78dd6716e1366915be5bbc32987a0348a187",
      "0000002d93a36320bdca758dc483c450005b663acc3e30ec13756991515eb432",
      "000000365e18734be5ffe0d5cb042a46682c20358cc74c995ac2e526010c481b"
    ]
  }
],
"peers":[
  "106.13.193.201:37101"
],
"speeds":{
  "BcSpeeds":{
    "xuper":{}
  }
}
}
```

（6）创建账户

1）XChain 中，账号分为"普通账号"和"合约账号"，供个人使用的是普通账号，部署智能合约的账号叫作合约账号。普通账号通过以下命令创建。

命令：

```
./xchain-cli account newkeys --output data/bob
```

在 bob 目录下会看到文件 address、publickey、privatekey。

2）合约账号就是部署智能合约进行合约交易的专用账号。如果把合约账号当作一家股份制公司，那么访问控制列表（ACL）便是公司股东投票的机制，ACL 可以规定合约账号背后各"股东"账号的权重，只有当"股东"签名的权重之和大于设定阈值时，操作才会有效地进行。

XuperChain 中，ACL 的配置格式如下：

```
{
    "pm":{
        "rule":1,                 # rule=1 表示签名阈值策略,rule=2 表示 AKSet 签名
                                    策略
        "acceptValue":0.6    # acceptValue 为签名需达到的阈值
    },
    "aksWeight":{             # aksWeight 里规定了每个地址对应账号签名的权重
        "AK1":0.3,
        "AK2":0.3
    }
}
```

XChain 的客户端工具提供了新建账号的功能。

命令：

```
xchain-cli account new --desc account.des
```

使用 cat account.des 命令可以查看创建账号所需要的配置，内容如下：

```
{
    "module_name":"xkernel",
    "method_name":"NewAccount",
    "args":{
        "account_name":"1111111111111111",    # 说明:账号名称是 16 位数字组成
                                                的字符串

        # acl 中的内容注意转义
```

```
      "acl":"{\"pm\":{\"rule\":1,\"acceptValue\":0.6},\"aksWeight\":
{\"AK1\":0.3,\"AK2\":0.3}}"
   }
}
```

命令运行后调用 XChain 的系统合约功能函数 NewAccount()，创建一个名为 XC1111111111111111@ xuper（如果链名字为 xuper）的账号。

除了上述方法，还可以使用一个比较简易的方式来创建合约账号。

命令：

```
xchain-cli account new --account 1111111111111111   #16 位数字组成的字符串
```

上述命令也会创建一个名为 XC1111111111111111@ xuper 的账号，由于没有指定 ACL 的具体内容，因此其 ACL 被赋值为默认状态，即背后有权限的账号只有当前节点上的默认账号（默认位于 data/keys/address）。创建合约账号的操作需要提供手续费，需要按照命令行运行结果给出的数值，添加一个不小于它的费用（使用--fee 参数）。

4.2.2　创建 TDPoS 共识的 XuperChain 多节点网络

要在搭建的单节点网络的基础上搭建一个单共识的多节点网络，其他节点只要新增 P2P 网络的 bootNodes 配置即可。如果要搭建一个 TDPoS 共识的链，则仅需要修改创世区块参数中的 "genesis_consensus" 配置即可。下面将详细介绍相关操作步骤。

1. P2P 网络配置

这里以搭建 3 个节点的网络为例来说明（搭建更多节点的原理与此一致），首先需要将一个节点作为种子节点 "bootNode"，其他节点通过该种子节点的链接地址 "netURL" 加入网络。

对于 bootNode 节点，首先需要获取它的 netURL。

命令：

```
./xchain-cli netURL get -H 127.0.0.1:37101
```

如果不是以默认配置启动的，则需要先生成它的 netURL，然后获取。

```
/xchain-cli netURL gen       #重新生成本地节点的网络私钥
/xchain-cli netURL preview   #显示本地节点的 P2P 地址
```

通过上述操作，会得到该节点的链接地址：

```
/ip4/127.0.0.1/tcp/47101/p2p/QmVxeNubpg1ZQjQT8W5yZC9fD7ZB1ViArwvyGUB53sqf8e
```

对其他的节点，需要修改 conf/xchain. yaml 中的 P2P 参数。

```
p2p:
    module:p2pv2
    // port 是节点 P2P 网络监听的默认端口,在一台机器上部署时应注意端口配置不要
      冲突
    // node1 配置的是 47101,node2 和 node3 可以分别配置为 47102 和 47103
    port:47102
    // 节点加入网络所连接的种子节点的链接信息
bootNodes:
"/ip4/127.0.0.1/tcp/47101/p2p/QmVxeNubpg1ZQjQT8W5yZC9fD7ZB1ViArwvyGUB53sqf8e"
```

需要注意的是，如果其他节点分布在不同的机器之上，则需要把种子节点的 netURL 中的 127.0.0.1 改为种子节点的实际物理 IP。修改完其他节点的配置后，即可在不同的节点使用相同配置创建链，然后分别启动 bootNode 和其他节点，即可完成多节点环境的部署。

这里可以使用系统状态的命令检查环境是否正常。

命令：

```
./xchain-cli status -H 127.0.0.1:37101
```

通过变更-H 参数来查看每个节点的状态，若所有节点高度都是一致变化的，则证明环境部署成功。

2. 搭建 TDPoS 共识网络

XuperChain 系统支持可插拔共识，修改创世区块的参数可以创建一个以 TDPoS 为共识的链。

下面的创世区块配置（一般位于 core/data/config/xuper.json）和单节点创世区块配置的区别在于创世共识参数 genesis_consensus 的 config 配置，代码如下。

```
{
    "version":"1",
    "predistribution":[
        {
            "address":"mahtKhdV5SZP4FveEBzX7j6FgUGfBS9om",
            "quota":"100000000000000000000000"
        }
    ],
    "maxblocksize":"128",
    "award":"1000000",
```

```
    "decimals":"8",
    "award_decay":{
        "height_gap":31536000,
        "ratio":1
    },
    "genesis_consensus":{
        "name":"tdpos",
        "config":{
        # TDPoS 共识初始时间,声明 TDPoS 共识的起始时间戳,建议设置为最近的历史的时
间戳
            "时间戳":"1548123921000000000",
        # 每一轮选举出的矿工数,如果某一轮的投票不足以选出足够的矿工数,则默认复用前
一轮的矿工
            "proposer_num":"3",
        # 每个矿工连续出块的间隔
            "period":"3000",
        # 每一轮内切换矿工时的时间间隔,需要为 period 的整数倍
            "alternate_interval":"6000",
        # 切换轮时的出块间隔,即下一轮第一个矿工出第一个块距离上一轮矿工出最后一个
块的时间间隔,需要为 period 的整数倍
            "term_interval":"9000",
        # 每一轮内每个矿工轮值任期内连续出块的个数
            "block_num":"200",
        # 为被提名的候选人投票时的每一票单价,即一票等于多少 Xuper
            "vote_unit_price":"1",
        # 指定第一轮初始矿工,矿工个数需要符合 proposer_num 指定的个数,所指定的初
始矿工需要在网络中存在,不然系统轮到该节点出块时会没有节点出块
            "init_proposer":{
"1":[ "RU7Qv3CrecW5waKc1ZWYnEuTdJNjHc43u"," XpQXiBNo1eHRQpD9UbzBisTPXojpyzkxn",
"SDCBba3GVYU7s2VYQVrhMGLet6bobNzbM"]
            }
        }
    }
}
```

修改完每个节点的创世区块配置后，需要确认各节点 data/blockchain 目录下的内容为空。然后按照 "P2P 网络配置" 的步骤在各节点上创建链，启动所有节点，即可完成 TDPoS 共识的环境部署。

3. 选举 TDPoS 候选人

选举候选人包括提名和投票两个环节，具体操作和发起提案类似。

（1）提名候选人

首先准备一个提名的配置，该配置是 JSON 格式的：

```
{
    "module":"tdpos",
    "method":"nominate_candidate",
    "args":{
        # 此字段为要提名的候选人的地址
        "candidate":"kJFcY3FjmNU8xk6cRzHvTPmChUQ3SBGVE",
        # 此字段为候选人节点的 netURL
        "neturl":
"/ip4/10.0.4.6/tcp/47101/p2p/QmRmdBSyHpKPvhsvmyys8f1jDM4x1S9cbCwZaBMqMKjwhV"
    }
}
```

然后将这个 JSON 文件（假定文件名为 nominate.json）通过多重签名命令发出。提名候选人的操作需要提名者和被提名候选人的两个签名（如果是自己提名自己，那么只需要一个签名即可）。

首先要准备一个需收集签名的地址列表：

```
YDYBchKWXpG7HSkHy4YoyzTJnd3hTFBgG
kJFcY3FjmNU8xk6cRzHvTPmChUQ3SBGVE
```

然后生成一个提名交易，在 XuperChain 上进行候选人提名，需要冻结大于链上资产总量的十万分之一的 UTXO（当前的总资产的查看可以通过 status 查询命令查看结果的 UTXO-Total 字段实现）。

命令：

```
# 这里转账的目标地址可以任意,转给自己也可以,注意冻结参数为-1,表示永久冻结
./xchain-cli multisig gen --to=dpzuVdosQrF2kmzumhVeFQZa1aYcdgFpN --desc=
nominate.json --amount=10000000000000000 --frozen -1 -A addr_list --output
nominate.tx
```

上述命令会生成交易内容，然后对其进行签名。

命令：

```
# 提名者签名
./xchain-cli multisig sign --tx nominate.tx --output nominate.sign --keys
path/to/nominate
# 候选人签名
./xchain-cli multisig sign --tx nominate.tx --output candidate.sign --keys
path/to/candidate
```

将生成的交易发送：

命令：

```
# send 后面的签名有两个参数,第一个为发起方的签名,第二个为需要收集的签名(列表用逗
号分隔)
./xchain-cli multisig send --tx nominate.tx nominate.sign nominate.sign,
candidate.sign
```

发送交易会返回一个 txid，这里需要记录下来，后面可能会用到。

（2）投票

投票的配置也是 JSON 格式的：

```
{
    "module":"tdpos",
    "method":"vote",
    "args":{
        # 提名过的 address
        "candidates":["RU7Qv3CrecW5waKc1ZWYnEuTdJNjHc43u"]
    }
}
```

同样使用转账的命令发出，注意投票的 UTXO 需要永久冻结。

命令：

```
# 同样,转账目标地址可任意填写,转给自己也可以
./xchain-cli transfer --to = dpzuVdosQrF2kmzumhVeFQZa1aYcdgFpN --desc =
vote.json --amount =1 --frozen -1
```

根据共识算法配置的候选人集合大小（上面创世区块配置中的"proposer_num"字段，假设为 n），每一轮出块结束后，系统都会查看被提名的候选人数目是否达到 n。如果没有达到，则继续按上一轮的顺序出块；如果达到 n，则会统计得票靠前的 n 个节点，作为新一轮的矿工集合。

（3）撤销提名与撤销投票

同样，还是 JSON 格式的配置：

```
{
    "module":"proposal",
    "method":"Thaw",
    "args":{
        # 此处为提名或者投票时的 txid,且 address 与提名或者投票时的需要相同
        "txid":"02cd75a721f2589a3ff6768b49650b46fa0b042f970df935b4d28-
a15aa19e49a"
    }
}
```

然后使用转账操作发出（注意 address 一致），撤销提名/投票后，被冻结的资产会解冻，就可以继续使用了。

命令：

```
./xchain-cli transfer --to = dpzuVdosQrF2kmzumhVeFQZa1aYcdgFpN --desc =
thaw.json --amount=1
```

（4）TDPoS 结果查询

XuperChain 的客户端提供了结果查询功能：

```
#查询候选人信息
./xchain-cli tdpos query-candidates
#查看某一轮的出块顺序
./xchain-cli tdpos query-checkResult -t=30
#查询提名信息:某地址发起提名的记录
./xchain-cli tdpos query-nominate-records -a=dpzuVdosQrF2kmzumhVeFQZa1aYcdgFpN
#被提名查询:某个候选人被提名的记录
./xchain-cli tdpos query-nominee-record -a=RU7Qv3CrecW5waKc1ZWYnEuTdJNjHc43u
#某选民的有效投票记录
./xchain-cli tdpos query-vote-records -a=dpzuVdosQrF2kmzumhVeFQZa1aYcdgFpN
#某候选人被投票记录
./xchain-cli tdpos query-voted-records -a=RU7Qv3CrecW5waKc1ZWYnEuTdJNjHc43u
```

4.2.3　创建 XPoA 共识的 XuperChain 多节点网络

XPoA 是为许可链设计的共识算法，XPoA 共识算法的原理可以参考 XuperChain 的设计

文档——XPoA 技术文档。许可链是指所有参与链系统的节点都需经过许可，未经过许可的节点不可接入系统。下面介绍如何搭建一个 XPoA 共识的 XuperChain 网络。

1. P2P 网络配置

这里以搭建 3 节点网络为例，复制 XuperChain 编译产出的 output 到 node1～node3。每个节点都需修改配置文件 conf/xchain. yaml 中的 P2P 参数，可使用 P2Pv1，P2Pv1 是为许可链设计的 P2P 网络插件。

```
p2p:
  module:p2pv1
  # port 是节点 p2p 网络监听的默认端口,在一台机器上部署时应注意端口配置不要冲突
  # node1 配置的是 47101,node2、node3 可以分别设置为 47102、47103
  port:47101
  # 不使用证书
  isUseCert:false
  # 配置网络中所有节点的 netURL,格式 ip:port,也加上本节点的 netURL
  staticNodes:
    xuper:
      - "127.0.0.1:47101"
      - "127.0.0.1:47102"
      - "127.0.0.1:47103"
```

如果节点分布在不同的机器之上，则需要把网络地址中的本地 IP 改为机器的实际 IP。

2. 更新各节点的 keys

节点目录下的 keys 都是默认的，node1 保持不变，需要更新 node2、node3 的 keys。更新前需手动删掉 data/keys 目录。

命令：

```
./xchain-cli account newkeys
```

3. 配置创世区块

XuperChain 系统支持可插拔共识，通过修改创世区块的参数，可以创建一个以 XPoA 为共识的链。创世区块配置位于 data/config/xuper. json，修改 genesis_consensus 参数。配置参数代码如下。

```
{
    "version":"1",
    "predistribution":[
        {
```

```
            "address":"dpzuVdosQrF2kmzumhVeFQZa1aYcdgFpN",
            "quota":"100000000000000000000000"
        }
    ],
    "maxblocksize":"128",
    "award":"1000000",
    "decimals":"8",
    "award_decay":{
        "height_gap":31536000,
        "ratio":1
    },
    "gas_price":{
        "cpu_rate":1000,
        "mem_rate":1000000,
        "disk_rate":1,
        "xfee_rate":1
    },
    "new_account_resource_amount":1000,
    "genesis_consensus":{
        "name":"xpoa",
        "config":{
        // 声明共识的起始时间戳,建议设置为最近的历史时间戳,更新前 10 位
            "时间戳":"1590636296000000000",
            // 每个矿工连续出块的间隔
            "period":"3000",
            // 每一轮内每个矿工轮值任期内连续出块的个数
            "block_num":"10",
            // XPoA 共识依赖的合约名称,无须修改
            "contract_name":"xpoa_validates",
            // XPoA 共识查询候选人的合约方法,无须修改
            "method_name":"get_validates",
            // 指定第一轮初始矿工,所指定的初始矿工需要在网络中存在,不然系统轮到
该节点出块时会没有节点出块
            "init_proposer":[
```

```
        {
            "address":"dpzuVdosQrF2kmzumhVeFQZa1aYcdgFpN"
            ,"neturl":"10.26.29.40:47101"
        },
        {
            "address":"VSML7NenZnGZgCEwtbQDKDSrPHhT5wsu6"
            ,"neturl":"10.26.29.40:47102"
        },
        {
            "address":"bg3KLC3YCmvLWBCNAVHGHLfk3qeWEdoD3"
            ,"neturl":"10.26.29.40:47103"
        }
    ],
    // 使用 chained-bft
    "bft_config":{}
  }
 }
}
```

将修改好的 xuper.json 复制到另外两个节点的 data/config 目录下。注意，复制配置内容到 xuper.json 时需去掉注释。

4. 创建链并启动 XChain

确定 data/blockchain 目录下的内容为空之后，创建链并启动所有节点。

命令：

```
# 创建 Xuper 链
./xchain-cli createChain
# 启动服务节点
nohup ./xchain &
# check 服务运行状况,修改-H 后的参数,可以查询每个节点状态
for((i=1;i<=3;i++));do
./xchain-cli status -H 127.0.0.1:3710 $i|grep -i height
done
```

通过变更-H 参数查看每个节点的状态。若所有节点的高度都是一致变化的，则证明环境状态正常。

4.3　账户及智能合约基本操作

4.3.1　账户基本操作

1. 普通账户基本操作

（1）获取本地节点账户地址

命令：

```
cat data/keys/address
```

返回本地节点账户地址：

```
dpzuVdosQrF2kmzumhVeFQZa1aYcdgFpN
```

获取 ak 账户地址：

命令：

```
cat data/ak/address
```

返回 ak 账户地址：

```
TxDX2BHDdAUmmvvGYs92TBXF6WTSA2y1B
```

（2）转账（从 ak 账户转入 50000 代币给本地节点账户 keys）

命令：

```
./xchain-cli transfer
--from
TxDX2BHDdAUmmvvGYs92TBXF6WTSA2y1B
--to
dpzuVdosQrF2kmzumhVeFQZa1aYcdgFpN
--amount 50000 --keys /data/ak
```

返回交易的 txid：

```
8aeac12a0fb42430259f55289c8ea86a43bc4c45249bbf6667414fb68ca32d61
```

（3）查询交易的 tx 信息

命令：

```
./xchain-cli tx query [上面返回的 txid]
```

返回结果：

```
txid:
8aeac12a0fb42430259f55289c8ea86a43bc4c45249bbf6667414fb68ca32d61
{
  "txid":"8aeac12a0fb42430259f55289c8ea86a43bc4c45249bbf6667414fb68ca32d61",
  "blockid":"000000654217b798632b1385232986ba403bebef4612ef4ef6f4e2c918e99340",
  "txInputs":[
    {
      "refTxid":"9c002d29bcb1ea21d67f29291a1c54174dac8be4c0d6b950b51-
ea55f9df7cf0e",
      "refOffset":0,
      "fromAddr":"dpzuVdosQrF2kmzumhVeFQZa1aYcdgFpN",
      "amount":"1000000"
    }
  ],
  "txOutputs":[
    {
      "amount":"50000",
      "toAddr":"dpzuVdosQrF2kmzumhVeFQZa1aYcdgFpN"
    },
    {
      "amount":"950000",
      "toAddr":"dpzuVdosQrF2kmzumhVeFQZa1aYcdgFpN"
    }
  ],
  "desc":"transfer from console",
  "nonce":"1615914851984498081",
  "时间戳":1615914851757644325,
  "version":1,
  "autogen":false,
  "coinbase":false,
  "txInputsExt":null,
  "txOutputsExt":null,
  "contractRequests":null,
  "initiator":"dpzuVdosQrF2kmzumhVeFQZa1aYcdgFpN",
  "authRequire":[
```

```
    "dpzuVdosQrF2kmzumhVeFQZa1aYcdgFpN"
  ],
  "initiatorSigns":[
    {
      "publickey":
"{\"Curvname\":\"P-256\",\"X\":746956174771600587577472082203712-
368374742102471144187752622294978129625824335,\"Y\":5134871531912477703-
929938664170885424979278160170121822112441208526209592209571}",
      "sign":
"3046022100ce5b87ae379e0355acfdf58c5b930400f77f0f8b63c3ba3809d293dbeab951f-
2022100f7a6649769e709192bed9447db6e772268affcbdfc6ac582e2124cb1cdec6dee"
    }
  ],
  "authRequireSigns":[
    {
      "publickey":
"{\"Curvname\":\"P-256\",\"X\":746956174771600587577472082203712365-
83747421024711441877526222949781296258243735,\"Y\":5134871531912477039-
29993866417088542497927816017012182211244120852620959592209571}",
      "sign":
"30450220450023d5a8671612eb9dc81e07fe3da39c216e42d2f2e99d2d57128d001bfa420-
22100d63707cd759b8049ed6bfdf1973acb7a27ce89764f208ffb78833145b8d90099"
    }
  ],
  "received 时间戳":1615914851889706858,
  "modifyBlock":{
    "marked":false,
    "effectiveHeight":0,
    "effectiveTxid":""
  }
}
```

（4）查询区块

命令：

```
./xchain-cli block [上面返回 tx 交易信息中的 blockid]
"blockid":"000000654217b798632b1385232986ba403bebef4612ef4ef6f4e2c918e99340"
```

返回结果：

```
{
  "version":1,
  "blockid":"000000654217b798632b1385232986ba403bebef4612ef4ef6f4e2c918e99340",
  "preHash":"000000f51d3941328dd23dcbd87ed54334d21e2c28946a0efee4e435103087e2",
  "proposer":"dpzuVdosQrF2kmzumhVeFQZa1aYcdgFpN",
  "sign":
"3044022040a39f9e2aaa1e0b52c0a22c2e837403d3c079b7675e8a31759f6b664467eb950-
2206de11068c8064ee46673d806c4b95effb514f336572d92464af6e75cff349905",
  "pubkey":
"{\"Curvname\":\"P-256\",\"X\":74695617477160058757747208220371236-
83747421024711441877526222949781296258243, \"Y\":51348715319124770392-
99386641708854249792781601701218221124412085262095920959571}",
  "Merkle Root":"8a7936cbfe80221242ab9c2035f4e3fe429a59e285e590629e-
0c2d36f4c89eed",
  "height":5632,
  "时间戳":1615914873733627808,
  "transactions":[
    {
      "txid":"8aeac12a0fb42430259f55289c8ea86a43bc4c45249bbf6667414fb68ca32d61",
      "blockid":"000000654217b798632b1385232986ba403bebef4612ef4ef6f4e2c918e99340",
      "txInputs":[
        {
          "refTxid":"9c002d29bcb1ea21d67f29291a1c54174dac8be4c0d6b950-
b51ea55f9df7cf0e",
          "refOffset":0,
          "fromAddr":"dpzuVdosQrF2kmzumhVeFQZa1aYcdgFpN",
          "amount":"1000000"
        }
      ],
      "txOutputs":[
        {
          "amount":"50000",
          "toAddr":"dpzuVdosQrF2kmzumhVeFQZa1aYcdgFpN"
        },
```

```
      {
        "amount":"950000",
        "toAddr":"dpzuVdosQrF2kmzumhVeFQZa1aYcdgFpN"
      }
    ],
    "desc":"transfer from console",
    "nonce":"161591485198498081",
    "时间戳":1615914851757644325,
    "version":1,
    "autogen":false,
    "coinbase":false,
    "txInputsExt":null,
    "txOutputsExt":null,
    "contractRequests":null,
    "initiator":"dpzuVdosQrF2kmzumhVeFQZa1aYcdgFpN",
    "authRequire":[
      "dpzuVdosQrF2kmzumhVeFQZa1aYcdgFpN"
    ],
    "initiatorSigns":[
      {
        "publickey":
"{\" Curvname \": \" P-256 \", \" X \": 746956174771600587577472082203712-3683747421024711441877526222949781296258 2435, \" Y \": 5134871531912477-0392993866417088542497927816017012182211244120852620959209571}",
        "sign":
"3046022100ce5b87ae379e0355acfdf58c5b930400f77f0f8b63c3ba3809d293dbeab951f-2022100f7a6649769e709192bed9447db6e772268affcbdfc6ac582e2124cb1cdec6dee"
      }
    ],
    "authRequireSigns":[
      {
        "publickey":
"{\" Curvname \": \" P-256 \", \" X \": 746956174771600587577472082203712 3-6837474210247114418775262229497812962582435,\"Y\":5134871531912477039-29938664170885424979278160170121822112 44120852620959209571}",
```

```
      "sign":
" 30450220450023d5a8671612eb9dc81e07fe3da39c216e42d2f2e99d2d57128d001bfa420-
22100d63707cd759b8049ed6bfdf1973acb7a27ce89764f208ffb78833145b8d90099"
      }
    ],
    "received 时间戳":1615914851889706858,
    "modifyBlock":{
      "marked":false,
      "effectiveHeight":0,
      "effectiveTxid":""
    }
  },
  {
    "txid":"e9b5c0c3d0289e7cc1690dad405efeeeeff96503315fa0e7490f3917b598bfbd",
    "blockid":"000000654217b798632b1385232986ba403bebef4612ef4ef6f4e2c918e99340",
    "txInputs":null,
    "txOutputs":[
      {
        "amount":"1000000",
        "toAddr":"dpzuVdosQrF2kmzumhVeFQZa1aYcdgFpN"
      }
    ],
    "desc":"1",
    "nonce":"",
    "时间戳":1615914873733743806,
    "version":1,
    "autogen":false,
    "coinbase":true,
    "txInputsExt":null,
    "txOutputsExt":null,
    "contractRequests":null,
    "initiator":"",
    "authRequire":null,
    "initiatorSigns":null,
```

```
    "authRequireSigns":null,
    "received 时间戳":0,
    "modifyBlock":{
      "marked":false,
      "effectiveHeight":0,
      "effectiveTxid":""
    }
  }
],
"txCount":2,
"Merkle Tree":[
  "8aeac12a0fb42430259f55289c8ea86a43bc4c45249bbf6667414fb68ca32d61",
  "e9b5c0c3d0289e7cc1690dad405efeeeeff96503315fa0e7490f3917b598bfbd",
  "8a7936cbfe80221242ab9c2035f4e3fe429a59e285e590629e0c2d36f4c89eed"
],
"inTrunk":true,
"nextHash":"0000000e5f35e246428406c44326e792f2bbfb69114095923b334ee1822cf91d",
"failedTxs":null,
"curTerm":0,
"curBlockNum":0,
"justify":{}
}
```

（5）查询账户余额

命令：

```
./xchain-cli account balance
```

2. 合约账户基本操作

4.2.1 小节介绍了合约账户的创建，并且已经创建了名为 XC1111111111111111@ xuper 的合约账户。接下来在此基础上介绍合约账户的 3 个基本操作。

（1）查询账号 ACL

XuperChain 的客户端工具提供了 ACL 查询功能。

命令：

```
./xchain-cli acl query --account XC1111111111111111@ xuper # account 参数为
合约账号名称
```

（2）查询账号余额

合约账号查询余额和普通账号类似，只是命令行的参数有些变化。使用下面的命令即可查询'XC1111111111111111@ xuper '的余额。

命令：

```
./xchain-cli account balance XC1111111111111111@ xuper -H 127.0.0.1:37101
```

（3）修改账号 ACL

修改 ACL 的配置和创建账号的配置类似：

```
{
    "module_name":"xkernel",
    "method_name":"SetAccountAcl",  # 这里的方法有了变更
    "args":{
        # account_name 在此处一定要写成 XC{数字}@ xuper 的形式
        "account_name":"XC1111111111111111@ xuper",
        # acl 字段为要修改成的新 ACL
        "acl":"{\"pm\":{\"rule\":1,\"acceptValue\":0.6},\"aksWeight\":
{\"AK3\":0.3,\"AK4\":0.3}}"
    }
}
```

修改 ACL 的操作，需要符合当前 ACL 设置的规则，即需要具有足够权重的账号签名。需要新建文件，添加需要签名的地址，默认 ACL 的文件路径是 ./data/acl/addrs。

示例：

```
XC9999999999999999@ xuper/9LArZSMrrRorV7T6h5T32PVUrmdcYLbug
XC9999999999999999@ xuper/gLAdZSMtkforV7T6h5TA14VUrfdcYLbuy
```

首先生成一个多重签名的交易。

命令：

```
./xchain-cli multisig gen --desc acl_new.json --from XC1111111111111111
@ xuper
```

这样会生成一个默认为 tx.out 的文件，之后使用原 ACL 中的账号对其进行签名。

命令：

```
./xchain-cli multisig sign --keys data/account/AK1 --output AK1.sign
./xchain-cli multisig sign --keys data/account/AK2 --output AK2.sign
```

最后把生成的 tx.out 发送出去，便完成了 ACL 的修改。

命令：

```
./xchain-cli multisig send --tx tx.out AK1.sign,AK2.sign AK1.sign,AK2.sign
```

4.3.2　智能合约基本操作

XuperChain 是一个支持多语言合约的区块链框架，有多种语言来供人们选择及使用开发智能合约。目前，XuperChain 的智能合约可以使用 Solidity、C++、Go 以及 Java 语言来编写，Solidity 为 EVM 合约，C++和 Go 支持 WASM 合约，Go 和 Java 支持 Native 合约。Solidity 合约应用最为广泛，完美兼容以太坊开源社区以及相关开发工具，C++合约性能会更好些，Go 合约在易用性上较好，Java 合约的开发者更多。本小节以 XuperChain 初始的合约为例，展示如何编写、部署和测试 XuperChain 智能合约的基本操作。

1. 准备工作

（1）设置环境变量

命令：

```
#从 XuperChain v5.1+版本起,路径已更新为 $HOME/xuperchain/output/bin:$PATH
export PATH= $HOME/xuperchain/output/:$PATH
#从 XuperChain v5.1+版本起,XDEV_ROOT 变量只用于特殊情况
export XDEV_ROOT= $HOME/xuperchain/core/contract-sdk-cpp
```

这些环境变量有利于更方便地执行一些命令，而不用指定命令的全路径。设置环境变量时可能存在的问题：

```
export PATH= $HOME/xuperchain/output/:$PATH
```

此时会出现报错：

```
zsh:bad assignment
```

原因是 export 中的"="两侧是不可以有空格的。

（2）启动开发模式节点

需要启动一个调试智能合约的单节点。

命令：

```
cd output
xchain-cli createChain      # 创建链,从 XuperChina v5.1+版本起,有快速启动脚本,
                            不再需要创建链
nohup xchain --vm ixvm &    # 后台启动节点
```

（3）创建合约账户

合约账户可用来进行合约管理，要部署合约一定要创建合约账户，在 4.2.1 小节已

经介绍了合约账户的创建，并且得到了账户名为 XC1111111111111111@ xuper 的合约账户。

（4）合约账户转账

在链上部署合约需要支付一定的手续费，因此要给账户转入一定量的代币。

命令：

```
xchain-cli  transfer --to XC1111111111111111@ xuper --amount 100000000
```

返回结果：

```
fe4b1e4313a83f7ba3abec4e41df99eb57bc47c78ab99b2889d2f08cef40dce3
```

2. XuperChain hello 合约快速体验

（1）初始化合约工程

xdev 工具是随 XuperChain 发布的一个 C++合约编译和测试工具，在编译完 XuperChain 之后生成在 output 目录中。

返回结果：

```
xdev init hello-cpp        # init 命令可以初始化一个简单工程
cd hello-cpp
xdev build -o hello.wasm    # -o 可以选择编译完的文件名
CC main. cc
LD wasm
```

输出上面两行，说明合约编译成功。

补充：WASM 是一种新的编码方式，可以在当前的网络浏览器中运行，它是一种低级的类汇编语言，具有紧凑的二进制格式，能以接近原生的性能运行，并为诸如 C/C++/Rust 等语言提供一个编译目标，以便它们可以在 Web 上运行。

（2）合约单测

启动单测（智能合约部署在链上之后不能进行修改，为了防止部署之后合约存在漏洞，需要对合约进行测试）。

命令：

```
cd hello-cpp
xdev test
```

若得到以下返回结果，则表明该智能合约可以部署在链上：

```
RUN   hello
RUN   hello/deploy
RUN   hello/invoke
```

```
PASS:hello(0.05s)
    PASS:hello/deploy(0.03s)
    PASS:hello/invoke(0.01s)
PASS
```

（3）部署合约

命令：

```
xchain-cli wasm deploy --account XC1111111111111111@xuper --cname hello
--fee 200000 --runtime c ./hello-cpp/hello.wasm
```

命令解释：

1）wasm deploy：部署 WASM 合约的命令参数。

2）--account XC1111111111111111@xuper：部署 WASM 合约的合约账号。

3）--cname hello：hello 指部署在链上的合约名，可自行定义（长度为 4~16 字符）。

4）--runtime c：表明部署的是一个 C++ 代码编写的合约。

5）--fee：表示部署这个合约所需的小费。

执行部署合约命令后得到如下返回结果：

```
contract response:initialize succeed
The gas you cousume is:154401
The fee you pay is:200000
Tx id:4ce2ce38929d19cb6162470d5451ce6b6a365a898b0a618158596a76e3a61d18
```

其中，"The gas you cousume is：154401" 表明部署此次合约至少支付 154401Gwei（1Gwei = 0.000000001ETH），因此提供的 fee 必须大于或等于这个数字。若提供的 fee 不够，则会得到 "Fee not enough" 的反馈，此时只要修改 fee 值即可成功部署。

（4）调用合约

命令：

```
xchain-cliwasm invoke --method hello --fee 10000 --cname hello
```

命令解释：

1）wasm invoke：表明要调用一个合约。

2）--method hello：表示要调用合约的 hello 方法（该合约只有一项功能，即输出 "hello world"）。

3）--fee：调用这个合约所需的小费。

4）--cname：后接调用的合约名称 hello。

返回结果：

```
contract response:hello world
The gas you cousume is:35
The fee you pay is:10000
Tx id:639ed739552393e5f5a3bec933e756ec982ae88c31a056c83bcc131f9ea176b7
```

3. XuperChain 智能合约分类

（1）C++合约

代码在 github. com/xuperchain/contract-sdk-cpp/example 中。

代码示例：

```
# include <xchain/xchain. h>
Struct Counter:public xchain::Contract {};
DEFINE_METHOD(Counter,initialize){
    xchain::Context * ctx=self. context();
    const std::string& creator=ctx->arg("creator");
    if(creator. empty()){
      ctx->error("missing creator");
      return;
    }
    ctx->put_object("creator",creator);
    Ctx->ok("initialize succeed");
}
DEFINE_METHOD(Counter,increase){
    xchain::Context * ctx=self. context();
    const std::string& key=ctx->arg("key");
    std::string value;
    ctx->get_object(key,&value);
    int cnt=0;
  cnt=atoi(value. c_str());
  char buf[32];
  snprintf(buf,32,"%d",cnt+1);
  ctx->put_object(key,buf);
  ctx->ok(buf);
```

```
}
DEFINE_METHOD(Counter,increase){
    xchain::Context * ctx=self.context();
    const std::string& key=ctx->arg("key");
    std::string value;
    if(ctx->get_object(key,&value)){
      ctx->ok(value);
    } else {
      ctx->error("key not found");
    }
}
```

#include ＜xchain/xchain. h＞为必需的，里面包含了编写合约所需的类。"struct Counter:public xchain::Contract{ };"声明了合约类，所有的合约类都要继承自 xchain::Con-tract。对于 DEFINE_METHOD（Counter，initialize），可通过 DEFINE_METHOD 来为合约类定义合约方法，在这个例子中为 Counter 类定义了一个名为 initialize 的合约方法。"xchain::Context * ctx=self.context();"用来获取合约的上下文，每个合约调用时都有一个对应的合约执行上下文，通过上下文可以获取合约参数，写入合约数据，context 对象是经常要操作的对象。"const std::string& creator=ctx->arg("creator");"用于从合约上下文里面获取合约方法的参数，这里获取了名称为 creator 的合约参数，合约的参数列表是一个 map 结构，key 为合约参数的名称，value 为参数对应的用户传递的值。"ctx->put_object("creator",creator);"通过合约上下文的 put_object()方法可以向链上写入数据。"ctx->ok("initialize succeed");"用于返回合约的执行结果，如果合约执行失败则调用 ctx->error。

通过上面的代码分析得到了如下知识：

1）一个合约由多个方法组成，如 counter 合约的 initialize()、increase()、get()方法。

2）initialize 是每个合约必须实现的方法，这个合约方法会在部署合约的时候自动执行。

3）每个合约方法都有一个 Context 对象，通过这个对象能获取到很多有用的方法，如获取用户参数等。

4）通过 Context 对象的 ok()或者 error()方法，能给调用方反馈合约的执行情况，即成功或者失败。

（2）Go 合约

代码在 github. com/xuperchain/contract-sdk-go 中。

代码示例：

```
package main
import(
```

163

```go
    "strconv"
    "github.com/xuperchaiin/xuperchain/core/contractsdk/go/code"
    "github.com/xuperchaiin/xuperchain/core/contractsdk/go/driver"
)
type counter struct{}
func(c * counter)Initialize(ctx code.Context)code.Response {
    creator,ok:=ctx.Args()["creator"]
    if!ok {
        return code.Errors("missing creator")
    }
    err:=ctx.PutObject([ ]byte("creator"),creator)
    if err!=nil {
        return code.Error(err)
    }
    return code.OK(nil)
}
func(c * counter)Increase(ctx code.Contexte)code.Response {
    key,ok:=ctx.Args()["key"]
    if!ok {
        return code.Errors("missing key")
    }
    value,err:=ctx.GetObject(key)
    cnt:=0
    if err=nil {
        cnt,_=strconv.Atoi(string(value))
    }
    cntstr:=strconv.Itoa(cnt+1)
    err=ctx.PutObject(key,[ ]byte(cntstr))
    if err!=nil {
        return code.Error(err)
    }
    return code.OK( [ ]byte(cntstr))
}
func(c * counter)Get(ctx code.Context)code.Response {
```

```
        key,ok:=ctx.Args(["key"]
        if!ok {
            return code.Erros("missing key")
        }
        value,err:=ctx.GetObject(key)
        if err!=nil {
            return code.Error(err)
        }
        return code.OK(value)
    }
func main(){
    driver.Serve(new(counter))
}
```

Go 合约的整体框架结构与 C++合约一样，但在表现形式上稍微有些不同：

1）C++合约使用 DEFINE_METHOD 来定义合约方法，Go 通过结构体方法来定义合约方法。

2）C++通过 ctx->ok 来返回合约数据，Go 通过返回 code.Response 对象来返回合约数据。

3）Go 合约需要在 main( )函数里面调用 driver.Serve 来启动。

（3）Java 合约

代码在 github.com/xuperchain/contract-sdk-java/example/Counter.java 中。

代码示例：

```
package com.baidu.xuper.example;
import java.math.BigInteger;
import java.util.HashMap;
import java.util.Map;
import com.baidu.xuper.Context;
import com.baidu.xuper.Contract;
import com.baidu.xuper.ContractMethod;
import com.baidu.xuper.Driver;
import com.baidu.xuper.Response;
/**
* Counter
*/
```

```java
public class Counter implements Contract {
    @Override
    @ContractMethod
    public Response initialize(Context ctx) {
        return Response.ok("ok".getBytes());
    }
    @ContractMethod
    public Response increase(Context ctx) {
        byte[] key=ctx.args().get("key");
        if(key==null) {
            return Response.error("missing key");
        }
        BigInteger counter;
        byte[] value=ctx.getObject(key);
        if(value!=null) {
            counter=new BigInteger(value);
        } else {
            ctx.log("key"+new String(key)+"not found,initialize to zero");
            counter=BigInteger.valueOf(0);
        }
        ctx.log("get value"+counter.toString());
        counter=counter.add(BigInteger.valueOf(1));
        ctx.putObject(key,counter.toByteArray());
        //以 JSON 格式提交事件
        Map<String,String> body=new HashMap<>();
        body.put("key",new String(key));
        body.put("value",counter.toString());
        ctx.emitJSONEvent("increase",body);
        //直接提交事件,使用 toString().getBytes()让 counter 可读
        ctx.emitEvent("increase",counter.toString().getBytes());
        return Response.ok(counter.toString().getBytes());
    }
    @ContractMethod
    public Response get(Context ctx) {
```

```
        byte[] key=ctx.args().get("key");
        if(key==null){
            return Response.error("missing key");
        }
        BigInteger counter;
        byte[] value=ctx.getObject(key);
        if(value!=null){
            counter=new BigInteger(value);
        } else {
            return Response.error("key"+new String(key)+"not found)");
        }
        ctx.log("get value"+counter.toString());
        return Response.ok(counter.toString().getBytes());
    }
    public static void main(String[] args){
    Driver.serve(new Counter());
    }
}
```

　　Java 合约的整体框架结构与 C++、Go 合约一样，但在表现形式上稍微有些不同：

　　1）C++合约使用 DEFINE_METHOD 来定义合约方法，Go 通过结构体方法来定义合约方法，Java 通过定义 class 类方法来定义合约方法。

　　2）C++通过 ctx->ok 来返回合约数据，Go 通过返回 code.Response 对象来返回合约数据，Java 通过 Response.ok 来返回合约数据。

　　3）Java 合约需要在 main() 函数里面调用 Driver.serve 来启动。

　　4. 部署调用 C++合约

　　（1）创建空的 C++合约模版

　　命令：

```
cd output
xdev init counter
cd counter/src
ls
```

　　返回结果：

```
main.cc
```

查看 main. cc。

命令：

```
cat main.cc
```

返回结果：

```
#include <xchain/xchain.h>
struct Hello:public xchain::Contract {};
DEFINE_METHOD(Hello,initialize){
    xchain::Context * ctx=self.context();
    ctx->ok("initialize succeed");
}
DEFINE_METHOD(Hello,hello){
    xchain::Context * ctx=self.context();
    ctx->ok("hello world");
}
```

不难发现此时的合约依然是本小节第 2 部分（即 "2. XuperChain hello 合约快速体验"）中的 hello 合约，因此需要对此合约做替换。

命令：

```
cd ..
cp github.com/xuperchain/contract-sdk-cpp/example/counter.cc src/main.cc
cd src
cat main.cc
```

返回结果：

```
#include <xchain/xchain.h>
struct Counter:public xchain::Contract {};
DEFINE_METHOD(Counter,initialize){
    xchain::Context * ctx=self.context();
    const std::string& creator=ctx->arg("creator");
    if(creator.empty()){
        ctx->error("missing creator");
        return;
    }
    ctx->put_object("creator",creator);
```

```
    ctx->ok("initialize succeed");
}
DEFINE_METHOD(Counter,increase){
    xchain::Context * ctx=self.context();
    const std::string& key=ctx->arg("key");
    std::string value;
    ctx->get_object(key,&value);
    int cnt=0;
    cnt=atoi(value.c_str());
    ctx->logf("get value %s -> %d",key.c_str(),cnt);
    char buf[32];
    snprintf(buf,32,"%d",cnt+1);
    ctx->put_object(key,buf);
    ctx->emit_event("increase",buf);
    ctx->ok(buf);
}
DEFINE_METHOD(Counter,get){
    xchain::Context * ctx=self.context();
    const std::string& key=ctx->arg("key");
    std::string value;
    if(ctx->get_object(key,&value)){
        ctx->ok(value);
    } else {
        ctx->error("key not found");
    }
}
```

此时，main.cc 合约就替换为了本小节前面介绍的 C++智能合约。

（2）初始化合约工程

命令：

```
cd ..                          # 返回 counter 文件夹
xdev build -o counter.wasm     # -o 可以选择编译完的文件名
CC main.cc                     #得到结果
LD wasm
```

（3）部署合约

参考本小节第 2 部分（即"XuperChain hello 合约快速体验"）中的命令。

命令：

```
xchain-cli wasm deploy --account XC1111111111111111@xuper --cname hello
--fee 200000 --runtime c ./counter/counter.wasm
```

返回结果：

```
PreExe contract response:rpc error:code = Unknown desc = contract hello
already exists,logid:1617204730202855000_1_8081   #合约名 hello 已经部署
在链上
```

由于已经将 hello 合约部署在链上，并且命名为 hello，因此需要修改智能合约的名称。

命令：

```
xchain-cli wasm deploy --account XC1111111111111111@xuper --cname counter
--fee 200000 --runtime c ./counter/counter.wasm
```

返回结果：

```
contract error status:500 message:missing creator   #需要提供 creator
```

根据本小节中的代码分析，"const std::string& creator = ctx->arg（"creator"）；"用于从合约上下文里面获取合约方法的参数，这里获取了名称为 creator 的合约参数，合约的参数列表是一个 map 结构，key 为合约参数的名称，value 为参数对应的用户传递的值。因此需要提供 creator 的名称。

命令：

```
xchain-cli wasm deploy --account XC1111111111111111@xuper --cname counter
--fee 200000 --runtime c ./counter/counter.wasm -a'{"creator":"MJR"}'
```

若出现以下内容，则说明我们的合约部署成功。

返回结果：

```
contract response:initialize succeed
The gas you cousume is:155488
The fee you pay is:200000
Tx id:9e5f38b8d3626a2d1a3af76dfdb19f4ed7fa15f17d3c8e3e78289cb863a246b9
```

（4）调用合约

命令：

```
xchain-cli wasm invoke --method increase --fee 10000 counter a-'{"key":"k1"}'
```

返回结果：

```
contract response:1
The gas you cousume is:78
The fee you pay is:10000
Tx id:ac9362790ed4383f26151f45bcfeb76f316f188027db2ef286abc9ab26897341
```

命令：

```
xchain-cliwasm invoke --method increase --fee 10000 --cname counter a-'{"key":
"k1"}'
```

返回结果：

```
contract response:2
The gas you cousume is:80
The fee you pay is:10000
Tx id:79f3b2cbbdd2e27f6d927a8a3b2e8ddfe4ee01821e8f03a425901bf11d739d33
```

命令解释：

1）wasm invoke：表明要调用一个合约。

2）--method increase：表示要调用合约的 increase( )方法（该合约功能为计数，每调用一次 key 为 k1 的 increase( )方法，计数次数加一）。

3）--fee：表示调用这个合约所需的小费。

4）-cname：后面为调用的合约名称 counter。

4.4 XuperIDE 开发智能合约项目

XuperIDE 是 XuperChain 智能合约开发的集成开发环境，由黑曜石实验室（Obsidian Labs）开发，目前已经正式对外开源。基于 XuperIDE，开发者可以一键创建节点、编写、编译、部署、调用合约，并创建本地 XuperChain 节点，连接到 XuperChain 的开放网络平台，同时支持连接开发者自定义的网络节点。

以往，XuperChain 合约开发者需要下载合约 SDK 再进行开发，且不同的语言所用 IDE 不同，导致开发难度大、周期长。而 Xuper IDE 支持 XuperChain 的多种合约语言，如 C++、Solidity、Go、Java 等，同时支持 Mac OS、Linux、Windows 平台，让开发者专注合约本身，减少环境搭建等工作，大大节约开发周期。

1. 下载源

在 Mac、Windows、Linux 平台中，均可通过 XuperChain 官网下载 XuperIDE。

```
https://xuper.baidu.com/n/ps/opensource
```

2. 安装

Mac OS：双击打开 XuperIDE-x. x. x. dmg，并将 XuperIDE 拖动到相应的文件夹内（初次运行时，若出现未通过苹果验证的提示，则可右键单击应用图标并选择"打开"命令，跳过验证）。

Linux：双击打开 XuperIDE-x. x. x. AppImage，选择 Properties⇒Permissions⇒Execute，选择 Allow executing file as progrom 复选框。关闭属性设置窗口并双击打开应用（不同的 Linux 发行版可能会有不同的安装方式）。

Windows：双击打开 XuperIDE-x. x. x. exe，安装并打开应用。

3. 使用

在正确安装 XuperIDE 并初次启动时，将看到一个欢迎页面，如图 4-13 所示。这里有 XuperIDE 正常运行所需要的，包括 Docker、XuperChain Node in Docker 及 Xdev in Docker。

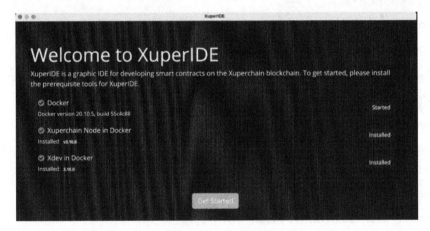

图 4-13　XuperIDE 欢迎界面

XuperIDE 使用 Docker 来启动 Xuper 节点和进行项目编译。如果用户之前没有安装过 Docker，则可以单击 Install Docker 按钮来访问 Docker 官方网站并进行下载安装；对于 Windows 用户，推荐使用 Docker Desktop。Docker Toolbox 也可使用，但在一些情况下可能会出现问题；XuperChain Node 是超级链节点的 Docker 镜像，XuperIDE 使用这个镜像来运行 XuperChain 节点；Xdev 是超级链 C++合约的编译测试工具。

都正确安装并运行后，灰色的 Skip 按钮将会变成绿色的 Get Started 按钮。单击这个按钮即可进入 XuperIDE 的主界面。

（1）创建密钥对

进入主界面后，需要首先创建一些密钥对。在 XuperIDE 的任意界面，单击应用左下角的钥匙图标，打开密钥管理器，如图 4-14 所示。

使用者可以在密钥管理器中创建、导入并管理密钥对。在创建和编辑密钥对时，可以为该密钥对设置别名，方便在后续的使用中进行识别。密钥管理器除了对密钥对进行储存及管理外，还将为创世区块提供创世地址。创建新的 Xuper 节点实例时，XuperIDE 会使用密钥

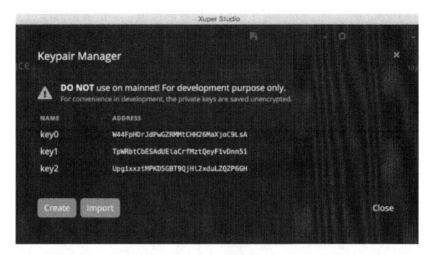

图 4-14　密钥管理器

管理器里的地址作为创世地址。创建的新密钥对将使用中文助记词来生成私钥。不过，导入私钥时也可以导入英文助记词或者 JSON 格式的超级链私钥。继续之前，请先在密钥管理器中创建一些密钥对，作为接下来创建节点实例的创世地址。

（2）启动节点

单击顶部的"Network"标签，主页面将切换为网络管理器界面。在网络管理器中可以进行 Xuper 节点版本和节点实例的管理，包括下载、删除 Xuper 节点版本，根据不同版本创建、删除和运行节点实例。

单击主页右上角的"New Instance"按钮，打开创建新实例的弹窗，填写实例名称并选择合适的版本，单击"Create"按钮完成节点实例的创建，如图 4-15 所示。

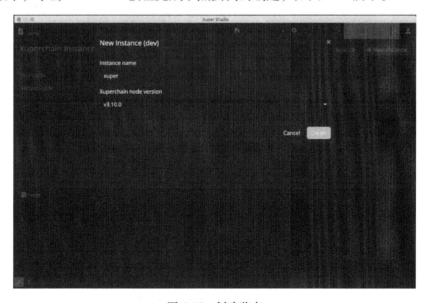

图 4-15　创建节点

节点实例创建完成后，实例表将显示刚刚创建好的实例，单击实例的绿色"Start"按钮启动 Xuper 节点。启动完成后，用户可以在下方的日志查看器中检查节点运行日志，如图 4-16所示。

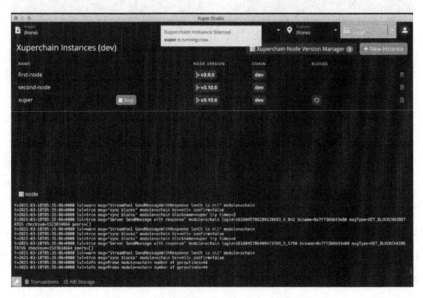

图 4-16　启动节点

（3）连接百度超级链开放网络

XuperIDE 除了提供本地节点功能，也提供了连接百度超级链开放网络和连接自定义节点的功能。打开"Network"标签旁的下拉菜单，选择"Baidu Xuper"，可切换到百度超级链开放网络，如图 4-17 所示。

图 4-17　连接百度超级链开放网络

（4）区块浏览器

节点启动后，单击顶部的"Explorer"标签，主界面将切换为区块浏览器界面。在区块浏览器中，可以查询对应地址的信息。单击标签旁边的下拉箭头，可以选择并打开密钥管理器中的地址。用户也可以在地址栏中输入或粘贴一个地址。打开一个有效地址后，便可以看到对应地址的余额信息了，在余额信息的右方显示该地址对应的合约账户地址，如图 4-18 所示。

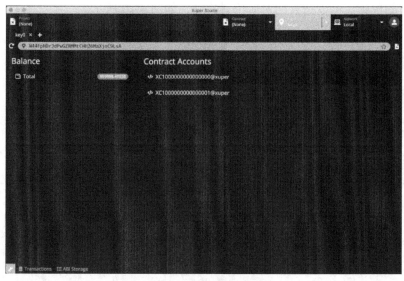

图 4-18　查询地址信息

（5）创建智能合约账户

XuperChain 的一个账户可以同时拥有多个智能合约账户，用户可以将智能合约部署在合约账户下。单击地址栏最右侧的"Create"（创建合约账号）按钮，在弹出的创建合约账号窗口中填入创建的合约地址，如图 4-19 所示。

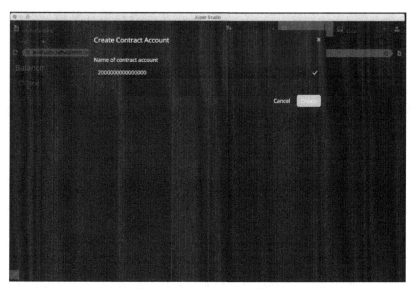

图 4-19　创建智能合约账户

创建智能合约账户后，可以在浏览器中看到刚刚创建的合约账户地址信息，格式为 XC2000000000000000@ xuper，单击可以跳转到该地址的合约交互页面。

（6）创建智能合约项目

单击顶部的"Project"标签，主界面将切换至项目管理器界面。单击页面右上角的"New"按钮，打开创建项目窗口，输入项目名称并选择合适的模板，XuperIDE 提供了所有支持语言的合约模版。可以在官网对应位置找到，如图 4-20 所示。

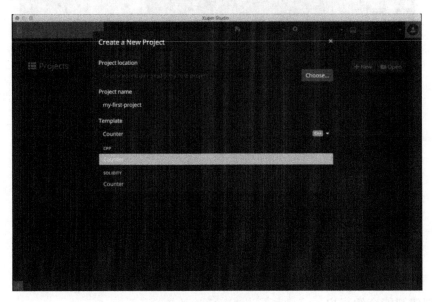

图 4-20　创建智能合约项目

填写项目名称并选择合适的模板后选择"Create a New Project"选项，创建完成后，XuperIDE 将在项目管理器界面中打开该项目。Counter 合约实现了一个简单的区块链计数器，其中定义了两个方法 increase( )和 get( )，分别为自增计数器和获取当前计数器的值。

（7）编译智能合约项目

XuperChain 支持使用 C++及 Solidity 开发智能合约，其中，C++使用 Xdex 进行合约编译，Solidity 使用 Solc 进行编译。在图 4-21 的右下角可以看到目前使用的编译器和编译器版本 ［Xdex(3. 10. 0)］，可以单击 Xdex(3. 10. 0) 选择希望使用的编译器版本，或者打开管理器下载更多可用的编译器版本。

单击工具栏中的编译按钮（锤子形状），XuperIDE 将进行项目的编译，用户可以通过下方的日志查看器来查看编译结果。编译后将在项目目录下中生成 WASM 或者 ABI 文件，用 Solidity 语言编译之后还会有 BIN 文件，如图 4-21 所示。

（8）部署智能合约项目

单击工具栏中的部署按钮（船形状），部署参数窗口将被打开，在这里可以输入部署合

图 4-21　编译智能合约项目

约的名称、构造函数的参数、交易签名者和合约账号，如图 4-22 所示。

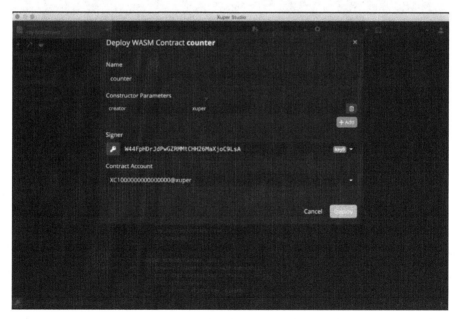

图 4-22　部署智能合约项目

（9）调用智能合约

成功部署智能合约项目后，单击区块浏览器，并在合约地址处选择刚刚部署的地址，主界面将切换至合约浏览器界面，XuperIDE 将自动打开刚才部署完成的智能合约。

合约浏览器界面主要分为两个部分：

1）左边为合约的调用方法，可以根据合约代码填写调用的方法及参数，还可以选择不同的签名地址。

2）右边为合约的数据读取，与调用合约类似，可以根据合约代码填写查询的方法及参数，还可以选择不同的签名地址。

XuperIDE 会自动读取合约 ABI 中的 functions，并为每个 function 生成参数表单。用户可以简单地选择要调用的 function，输入参数，选择签名者（签名者地址需要为 keypair manager 中存在的地址，读操作不需选择），进行合约调用。调用结果（成功或失败）将显示在下方的"Result"栏中，如图 4-23 所示。

图 4-23　设置要调用智能合约的参数

接下来开始调用部署好的合约。在"Invoke"侧的"Method"中输入"increase"，由于 increase() 方法需要一个参数 key，将在"Args"下的输入框中得到一个参数，在"Args"下的输入框中输入"key"及"a"，在"Authorization"的"Signer"中选择地址，单击上方的"Invoke"按钮。完成交易后，就可以看到成功执行的结果。合约会根据输入的 key 参数来增加 counter 的值。在"Query"的"Method"中输入"get"，将在"Args"下的输入框中得到一个参数，并在"Args"下的输入框中输入"key"及"a"，单击执行按钮，在下方的"Result"栏中可以看到查询的结果，即计数器当前的值。多次调用 increase() 并通过 get() 查询，可以看到计数器根据调用 increase() 的次数发生变化，如图 4-24 所示。

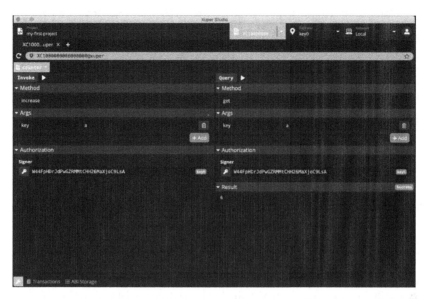

图 4-24　调用智能合约

4.5　XuperChain 跨链

XuperChain 是一个易于编程的区块链框架，可以方便地定制新的功能。基于此框架，XuperChain 设计了一个轻量级的跨链方案。合约和一些基础库组成了一个完整的跨链方案，适用于不同的跨链应用场景。

通过对实际需求的调研，XuperChain 抽象出 3 种不同的跨链场景，分别是只读事务场景跨链、非事务场景跨链和事务场景跨链，并通过上述合约和基础库的功能设计了满足不同场景的解决方案。

4.5.1　跨链域名解析

跨链涉及不同链资源的互操作，由于不同链的协议各不相同，因此为了实现对不同链的资源进行统一定义，XuperChain 定义了跨链寻址协议，结合链名解析合约，便可以实现对任何协议链的统一资源寻址。

1. 跨链寻址协议

命令：

```
[chain_scheme:][//chain_name][path][?query]
```

chain_scheme：跨链链类型标识符，用于标识链的具体类型，例如，xuper 表示所跨链链接的链的类型是 XuperChain。chain_name 是指所跨链的链名，定位某一个具体的链，同一 Scheme 下链名是唯一的；path 是不同 Scheme 的链类型扩展字段；query 则用于定位某个链内的某项资源，例如对于 XuperChain，声明调用的合约名、方法名和参数等信息。

下面举例说明。

命令：

```
xuper://chain1?module=wasm&bcname=xuper&contract_name=counter&
method_name=increase
```

xuper：表示被访问的目标链为 XuperChain。

chain1：表示被访问的目标链的链名。

module：表示被访问目标 xuper 链被访问合约的 vm 为 wasm。

bcname：表示被访问目标 xuper 链的子链名。

contract_name：表示被访问目标 xuper 链的合约名。

method_name：表示被访问目标 xuper 链的合约方法名。

目前，XuperChain 仅开源了 XuperChain 搭建的网络之间的跨链互操作功能，后续会逐步开源与其他链之间的互操作功能。

2. 链名解析合约

为了实现跨链请求，仅有链名跨链寻址协议是不够的，在跨链发起的原链上还需要部署一个链名解析合约，代码如下。

```
//注册一个网络,同时包含网络初始 meta 信息
RegisterChain(name,chain_meta)
//更新一个网络的 meta 信息,如修改网络的背书策略
UpdateChain(name,chain_meta)
//根据网络名解析所有背书节点
Resolve(chain_name) * CrossQueryMeta
//插入一个背书节点
AddEndorsor(chain_name,info)
//更新背书节点信息
UpdateEndorsor(chain_name,address,info)
//删除背书节点
DeleteEndorsor(chain_name,address)
//目标网络 meta 信息
message CrossChainMeta {
        string type=1;
        int64 min_endorsor_num=2;

}
```

```
//目标网络背书信息
message CrossEndorsor {
        string address=1;
        string pub_key=2;
        tring host=3;  //ip+port
}
//目标网络 CrossQuery 完整信息
message CrossQueryMeta {
        CrossChainMeta chain_meta=1;
        repeated CrossEndorsor endorsors=2;
}
```

4.5.2　只读事务场景跨链

1. 整体方案

在大部分使用场景下，用户仅希望从一个链就能够查询到另一个链的数据，并且能够满足稳定性、幂等性和安全性，称为只读事务跨链。只读事务跨链的典型场景包括身份认证、资质认证等。为了满足上述要求，采取了目标链背书的方式，如图 4-25 所示。

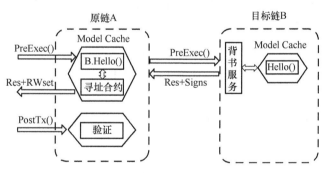

图 4-25　只读事务跨链中采用了目标链背书的方式

完整的步骤如下：

1）用户在原链发起预执行，合约内部调用"cross_query"原语，访问目标链 Hello() 合约。

2）原链内部解析到"cross_query"原语后会调用跨链寻址合约来解析目标链链接和背书信息。

3）原链访问目标链的背书服务。

4）目标链背书服务内部访问 Hello() 合约，得到 Response 并进行签名，返回给原链。

5）原链继续执行合约，并返回预执行结果给用户。

6）用户组装完整的交易提交给原链网络。

2. 背书和验证

XuperChain 的合约采用的是先预执行再提交的两阶段处理过程。

1）预执行阶段：原链节点会远程访问目标链背书服务，背书服务会预执行该合约并且对合约结果进行签名背书，原链会将该合约的结果和背书信息写进写集中的一个特殊的 bucket 中。

2）提交阶段：不需要再进行远程调用，原链节点在验证合约时，首先会解析出该特殊的写集中的跨链结果和背书签名信息，以填充合约执行的上下文环境。当执行到只读跨链原语时，原链节点不再进行远程调用，而是验证预执行的背书签名，当签名满足背书策略的要求后，就直接使用写集中的跨链合约结果继续后续的合约逻辑，否则验证失败。

4.5.3 非事务场景跨链

1. 定义

非事务场景跨链是指跨链行为并不要求不同链上的交易具备事务性，即不要求不同链上的跨链交易同时生效或同时失败，跨链交易只对当时被跨链的交易状态进行确认，并根据目标交易状态执行交易后续操作。

举例来讲，在 A 链上发起的交易 tx_1 执行成功后，发起 B 链上的交易 tx_2，但 tx_2 执行失败并不会影响 tx_1，即不会发生 tx_1 回滚。这种存在依赖但不保证多个交易的执行满足事务性的场景，是典型的非事务跨链。

非事务跨链的典型场景，如身份验证、预言机、资产跨链转移等，在技术上主要强调跨链交易的存在性证明，但对跨链交易的原子性没有要求。

2. 整体方案

非事务跨链典型技术通过中继实现对目标链数据的数据同步和交易存在性验证，类似 BTCRelay。XuperChain 中也实现了一套中继机制，通过对目标链的区块头同步，以及使用默克尔验证技术，可以在原链上直接验证目标链的交易是否存在。

图 4-26 所示是中继机制的整体结构，主要分为以下两个部分：

1）链上中继合约（XuperRelayer）：部署在原链上的一个智能合约，会保存目标链的所有块头信息，并提供基于默克尔验证的目标链交易存在性验证。

2）中继同步进程（Relayer Process）：在目标链和原链之间会有一个或多个中继进程，持续监听目标链的最新出块信息，抽取出块头信息并写入。

以一个典型的资产转移场景为例，首先在 B 链上发起 tx_1 交易，然后在原链上发起 tx_2 交易。tx_2 交易成功的前提条件是确认 tx_1 交易已经生效。因此整个跨链交易生效流程如下：

1）用户首先在目标链提交 tx_1 交易。

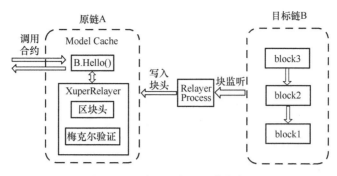

图 4-26　中继机制的整体结构

2）当 tx_1 交易打包在块中后，中继同步进程会将块头同步到原链上，并保存在链上中继合约中。

3）用户在原链上发起资产转移交易 tx_2，同时在合约参数中填写 tx_1 的信息以及 tx_1 的默克尔路径。

4）原链中的用户合约通过跨合约调用链上的中继合约，进行默克尔验证，如果证明 tx_1 确实存在于目标链中，则返回验证成功，否则返回验证失败。

5）用户合约在得到 tx_1 验证成功的结果后，执行后续资产转移操作，并返回结果。

3. 默克尔验证

在 XuperChain 中，区块头保存了块中所有交易的 txid 构造出的默克尔树的树根。图 4-27 所示是区块中的默克尔树举例，区块中的 8 个交易是默克尔树的叶子节点，按照交易顺序，每两个相邻交易的 txid 都通过 SHA 256 计算出默克尔树的父节点 id，依次向上，直到计算出默克尔树根。在这个树形结构中，任何一个节点的 id 都直接和自己的父子节点相关，因此树中任何一个节点数据的修改，都会导致整个默克尔树的树根变化。

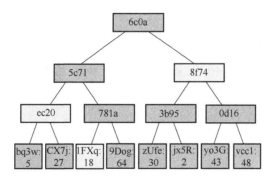

图 4-27　默克尔树举例示意图

交易的验证方只需要知道待验证交易 tx_1 的 txid、tx_1 所在块的区块 1，并知道从 tx_1 所在默克尔树的叶子节点到默克尔树根的路径上所有兄弟节点的哈希值，就可以计算出默克尔树根。例如要验证默克尔树中节点 9Dog 的存在性，那么给出从 9Dog 到默克尔树根的路径上的所有兄弟节点数组 [1FXq，ec20，8f74]，则从下而上：

```
Hash(1FXq+9Dog)⇒781a
Hash(ec20+781a)⇒5c71
Hash(5c71+8f74)⇒6c0a
```

在得到根哈希后，从链上中继合约中获取之前已经保存的区块 1 对应的区块头中的默克尔树根，如果也是 6c0a，则证明验证通过，否则验证不通过。

4. 链上中继合约

链上中继合约是跨链存在性证明的核心，提供对目标链中的区块头同步存储，并通过默克尔验证技术提供交易查询接口。链上中继合约主要解决 3 个问题：交易的真实性证明、及时性证明、区块头分叉管理。

（1）真实性证明

真实性证明即证明交易确实存在，主要通过默克尔验证交易是否真的存在于链中以及是否在主干上。

（2）及时性证明

及时性证明即证明交易是否确认，与目标链采用的共识算法相关。对于同步 Byzantine 类共识算法，及时性是内置的，只要交易在区块头中，那么交易必定在原链中处于上链状态。对于工作量证明类共识算法，一般要求交易所在块距主干最新高度相差 6 个块以上。

（3）区块头分叉管理

区块头分叉管理指对同步的区块头按照树形结构维护依赖关系，并根据目标链的主干选择算法调整目标链的主干区块状态。

目前的跨链实现支持对 XuperChain 同构链的链上中继合约，主要实现了对 XPoS 共识的区块头分叉管理和真实性证明。目前该功能仍处于实验状态，后续版本中会持续增加新的共识和对异构链的支持。

合约主要接口名、参数以及说明如表 4-1 所示。

表 4-1　合约主要接口名、参数、说明

主要接口名	参数	说明
initialize	无	合约初始化函数
initAnchorBlockHeader	blockHeader：区块头数据	初始化锚点区块头，锚点区块头一般是初始化后写入的第一个区块头，目标链不一定需要从创世区块开始同步，因此有了锚点区块的概念
putBlockHeader	blockHeader：区块头数据	写入一个新区块头信息，会自动验证区块头数据是否正确并进行分叉管理

（续）

主要接口名	参数	说明
verifyTx	blockid：待验证交易的区块，id txid：待验证的交易，id proofPath：待验证交易的默克尔路径上的兄弟节点，hash txIndex：待验证交易在区块所有交易中的序号	交易验证接口，通过默克尔验证其链上的交易 id 是否真实有效
printBlockHeader	blockid：区块 id	打印指定区块 id 的区块头信息

5. 中继同步进程

中继同步进程相对简单，主要通过对目标链的出块监听将最新区块中的区块头信息抽取出来，并同步到原链中。

【思考题】

1. 跟随教程搭建本地的 XuperChain，开始第一笔交易吧。

2. 什么是智能合约？智能合约能做什么？为什么区块链采用智能合约？

3. 创建自己的第一个智能合约并部署运行，说说智能合约的利弊。

4. 有比智能合约更好的交易约束方法吗？说说你的看法。

第5章
可信存证原理与实现

5.1 分布式应用与存证概念

5.1.1 分布式应用

分布式应用就是在底层区块链平台衍生的各种 DApp，是区块链世界中的服务提供形式。传统的应用（App）运行在数据中心的服务器上或终端上。DApp 是运行在区块链上的应用，因此具备了区块链不可篡改、可追溯等特性，实现了信任可编程。如图 5-1 所示，DApp 从下往上分为 3 层，最下层的部分是节点，包括账本、合约机等；最上层是 DApp 运行的基础设施；中间层是智能合约层，智能合约是运行在区块链上的可执行程序。XuperChain 提供了合约 SDK 和合约开发者工具，帮助开发者迅速完成合约开发。这一章将讨论如何将智能合约和实际的应用场景结合，以分析、设计一个智能合约。

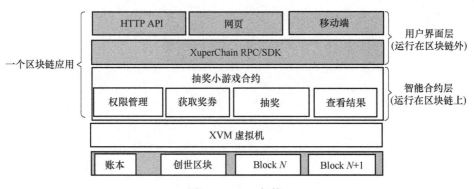

图 5-1 DApp 架构

最上层是用户界面层，用户界面层是连接区块链系统和用户的桥梁，对用户提供简洁、易用的操作界面。最下层直接与链、合约进行交互，通过用户交互层可以方便地进行合约的部署、调用，以及链上数据的查询。XuperChain 提供了 SDK、开发者套件来帮助开发者进行应用开发，可以使用链 SDK 开发基于网页的、移动端的以及 HTTP API 的用户界面。

5.1.2 存证

存证，顾名思义，就是存储加证明的意思。对于区块链来讲，存证是最小的行为单位，在链上开发的合约都要基于最小单位的存证。对比特币的交易也是一样的，比特币在整个网络中的运行是通过交易来进行的，交易实质上就是一笔存证，存证记录了地址 A 在什么时间向地址 B 转账了多少比特币等交易信息。在区块链存储的内容位于分布式账本上，在自己的服务器存储的信息只做到了存储未做到证明，而存储在区块链上就做到了存储+证明。

可以通过如下所述的事件来理解存证的概念：几个摄影师朋友找到你，他们的摄影作品上传到自己的博客后总是被其他人盗用，使用水印之类的方法也无法避免，他们需要一个能证明摄影作品最早是由自己上传的而且具有法律效力的可供自己进行维权的工具。显然，区块链对于解决此问题有很大的帮助，它的不可篡改等特性很适合存证维权的场景，人们可以通过 XuperChain 来构建一个存取证据的智能合约。

区块链数据存证，就是把数据存到区块链上，达到防篡改、可追溯、数据来源可信任的目的。为了实现快速交易，一般情况下，链上和链下协同工作，采用文件与哈希值分离的方式，链上只保存文件的哈希值，原文件保存在链下。只要计算出文件的哈希值，与链上的哈希值比对，就知道文件是否被篡改了。

存证是比较广泛的，数据可以是文字、视频、音频、图片等任何文件形式。在当今电子时代，很多内容都存在于网络，这些都可以进行存证，例如电子合同、遗嘱、病例、保险单、电影小说以及电子形式的影片音乐等。图 5-2 所示为部分可应用存证的领域。

存证不是一个专属区块链的名词，但区块链是天然适合做存证的工具，原因就在于区块链是一个去中心化体系，并通过其自身特性来保障数据一经存储不可篡改。

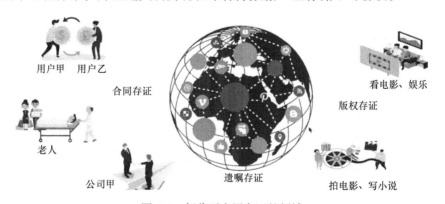

用户甲　用户乙

合同存证

看电影、娱乐

版权存证

老人

公司甲

遗嘱存证

拍电影、写小说

图 5-2　部分可应用存证的领域

区块链可信存证是对传统数据上链存储并增信，使其不可篡改。那么如何才能增信？就像广播一样，谁在什么时间做了什么，固定了下来，不能抵赖其应用场景就是存证。从可信身份、可信来源、可信传输、可信存储四大方面落实技术研发，保证电子数据的真实、完整。存证是区块链技术中最小的行为单位，是区块链发展的重要基石。存证的核心在于增强数据的可信度，为相关数据提供"存"与"证"的双重保障。

5.1.3 XuperChain 中的存证

XuperChain 中的可信存证产品底层连接法院等司法机构。电子存证实现的基础功能有取证、存证、实名认证、电子数据管理等，可信电子存证在版权保证、供应链金融、电子合同、防伪、溯源等方面都有广泛的应用。

基于 XuperChain 的可信存证开发，利用区块链永久保存、不可篡改的特性，将原始电子文件加密后得到的哈希值存储上链，完成存证。百度存证链同时联通司法体系，能形成完整电子证据闭环，切实保障存证可用、可信、可靠。XuperChain 中的存证主要有如下的优势：

1. 技术过硬

可信存证技术所依托的底层超级链为百度自主研发的区块链技术，拥有近 500 项底层区块链技术专利，支持国家监督和管控。百度也是国内外顶级区块链组织的核心成员。百度存证链存储速度快、性能稳定，且成功与司法机构跨链验证、实时同步，有着坚实的底层技术基础。

2. 数据安全

链上多节点备份，数据存证不可篡改。支持市面主流的国密局标准算法加密原始数据，保障数据隐私；仅提取文件哈希上链传输，保护原文件及用户的信息安全。建链即可运用区块链技术，具有丰富的合约模板和强大的功能组件，降低使用门槛。

3. 简单易用

可信存证服务引入通用的、符合规范的、可扩展的 SDK，配合简洁的使用文档，打造高效、便捷、适配、易用的存证服务系统。

4. 司法效力

百度存证链与司法区块链跨链对接，链上多个节点共同记录并监督，提供存证、检测、取证、司法传输、维权、验证的全链路存证服务，为电子数据提供全生命周期的优质服务，让存证更安心，让维权更便捷。

5. 高效验证

区块链电子存证数据同步法院，当侵权行为发生时，权利人可一键立案，法院可实现数据的秒级验证，省去烦琐的纸质流程。同时，区块链可辅助法官进行证据提取和证据采信，有效解决当事人取证难、认证难的问题。

5.2 可信存证的实现过程概述

目前主流的区块链都具有将数据附加到交易中的特性，存证都包含在交易的字段当中。如图 5-3 所示，在转账交易中，账户 A 转给账户 B 一个 xuper，这时会有一个字段存储交易的备注，交易的备注不是交易的时间和地址等与交易具有强绑定关系的信息，而是备注的信息。如果不是做与比特币等相关的而是其他方面的存证，那么就把信息放在交易的备注中。XuperChain 通过 upload_data 字段实现存储需要存证的数据内容。

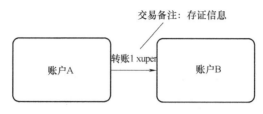

图 5-3　转账交易存证

在区块链中，每个证据都可以通过加密算法获得哈希。有的虽然无法获得证据本身，但可以通过比对鉴定文件与区块链上存证文件的哈希值是否一致，实现文件一致性及文件真伪的鉴定。如图 5-4 所示，假如 A、B、C 是先后产生的 3 个证据，A 加密计算出 $hash_1$，$hash_1$ 和 B 共同加密计算出 $hash_2$，$hash_2$ 和 C 共同加密计算出 $hash_3$，这就是"链"。当证据 A 被篡改，加密计算也就得不出 $hash_1$，$hash_1$ 再和 B 共同加密计算也得不出 $hash_2$，而 $hash_1$、$hash_2$ 是被公众知道的，从而就能判断出证据 A 被篡改了。

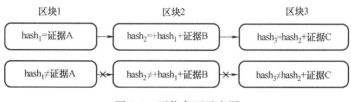

图 5-4　可信存证示意图

如果存证数据保存在一个私有链、联盟链上，那么从理论上来说，该区块链没有完全地去中心化，一旦联合作恶，一个用户掌握了 50% 节点的控制权，就仍然有篡改历史数据的可能。而比特币、以太坊网络则更去中心化，更难以篡改历史数据。所以，为了进一步加强存证所在链的安全性，某些情况下，可以定期将该区块链的最新区块哈希，在比特币或者以太坊进行存证，由它们来证明本存证链没有被篡改，从而证明该链上的所有存证数据没有被联合作恶篡改，这就叫作区块链的二次存证。但是当获取到的数据存储在比特币网络时，还是存在篡改的可能，因此目前还未得到大规模的应用。

存证还存在一个问题，即如果一开始上链的数据就是假数据会怎么样呢？区块链技术是防篡改技术而非防造假技术，从某种程度上可以抵御造假行为。例如，我们大胆假定上链的原始数据就是假数据，但一条假的记录如果要成立，实际上还需要其他更多的假数据来支撑，背后带来的成本极大，过程也极具挑战性，稍有不慎就会被揭露，得不偿失，还不如一开始就把真实数据上链，这才是成本最低也最有效的方式。在网络空间中，历时足够长的、经得起考验的数据才是有价值的，背后的节点才是有可信度可言的。

基于超级链技术与可信存证，百度已经开始积极探索区块链在各行各业中的应用。这些应用主要包含以下几个方面：版权保护、信息溯源、司法体系等。

5.3　可信存证与版权保护

5.3.1　数字内容版权

数字内容版权行业主要指网络中有价值内容的版权注册以及依托版权保护进行内容创造、发行、分发及 IP 衍生金融交易等相关业务领域。其中，有价值的内容包括文字、图片、视频、音频、数据（云盘、无人车等行业的高价值数据）等多种类型。根据国家版权局网络版权产业研究基地 2018 年 4 月 23 日发布的《中国网络版权产业发展报告（2018）》显示，2017 年我国网络版权产业市场规模达 6365 亿，较 2016 年增长 27.2%。

5.3.2　版权领域的痛点

内容版权行业高速发展的同时，也暴露出了版权内容确权成本高、盗版猖獗和交易效率低等行业问题。

1. 确权成本高

内容版权生产者耗费大量精力和财力创作出的内容作品，投放到互联网平台可迅速获得广泛的网络传播，但却很难确定版权归属。如果创作者通过政府版权机构申请版权归属，又面临着周期长、成本高、手续烦琐的问题。每天互联网平台都会诞生数以百万计的原创作品确权问题，一直困扰着创作者和版权机构。

2. 盗版猖獗

当前，网络中的内容作品被盗用的现象屡见不鲜，主要原因在于侵权发现难和维权难。

1）侵权发现难：互联网上的内容作品因其本身具有易修改、易流通的特性，因此极易被二次加工和二次传播，当缺乏公开健全的侵权检测机制时，侵权行为就很难被发现。

2）维权难：发现了侵权行为后，盗版线索是否能够维权，如何找到维权机构，如何维权，都需要内容创作者花费大量精力去研究，可谓困难重重。

3. 交易效率低

内容平台是连接创作者与用户的桥梁。面向创作者的版权平台因为缺乏流量，不能使版权内容得到充分的分发、曝光和交易。拥有流量的分发平台，以平台自身发展为导向，对原创内容存在喜恶偏见，向平台主流用户的小众审美和成熟内容创作者倾斜，限制新兴优质作品价值的发现，对新晋创作者不友好。此外，中心化的平台还存在着信息不透明、平台盘剥创作者、收益分配不公平的问题。

5.3.3　区块链+版权链

区块链作为一种极具颠覆性的技术，正在加速向各行各业延伸。区块链与数字版权行业的融合能够极大地推动版权保护的发展，为文创经济发展提供新的活力。虽然区块链技术仍然处于起步探索阶段，但是区块链技术的核心技术特征为数字版权保护提供了新的尝试和思路。

基于区块链技术的版权保护，可以为原创作者和机构提供从传播变现到监控维权的全链路服务，帮助版权人重塑版权资产价值链。其业务场景主要有以下 4 个方面：①原创图片，如摄影作品、漫画、插画、设计图、商标 Logo 等；②原创文章，如原创小说等文学作品、自媒体文章、稿件等；③影视剧集，如电影、综艺、自制剧、独播剧、纪录片等；④原创音频，如原创音乐、有声小说、有声读物等。

应全方位推动版权存证、监控取证及司法维权全链条，有效构建一个运转流程更高效、利益分配更合理的版权内容产业。图片机构、确权机构、司法机构 3 类联盟节点加持，可提升版权链公信力，打造真正可信、可靠的版权保护平台。如图 5-5 所示，基于 XuperChain 的可信存证通过区块链节点设计、版权存证、版权交易、版权风控预警和全网传播监测、司法服务这六大方面形成了区块链+版权链，并和司法区块链打通。

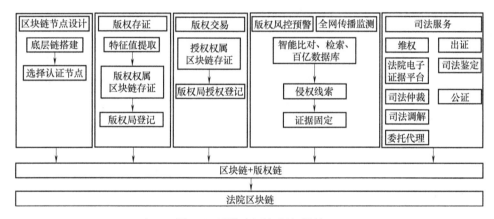

图 5-5　可信存证与版权保护

5.3.4　超级链版权保护解决方案

针对版权行业确权成本高、盗版猖獗、交易效率低的痛点，百度结合在区块链技术、搜索技术和流量方面的优势，构建起全新的内容版权保护服务，已率先完成了版权区块链完整解决方案的实现，对版权行业提供了版权保护和交易的全流程支持。

1. 超级链版权保护解决方案的价值主张

超级链版权保护解决方案可让人们的数字资产得到版权保护，产生版权价值。超级链版权保护解决方案以先进的区块链技术作为底层支撑，秉承绝对开放公正的原则，让互联网原创内容的上传、使用及交易体系化、透明化，享有全流程的版权保护权益，借助百度搜索的力量，使原创内容触达各行各业的亿万用户，充分获得品牌曝光和流量，让每位参与者均能受益，提升内容版权行业效率，实现行业价值的最大化。

2. 超级链版权保护解决方案的产品优势

（1）平台优势

百度作为国内一流的搜索引擎，具有全面的用户基础和巨大的流量，并且非常重视原创内容生态。依托百度平台的优势，能够使优质原创作品高效触达各行各业的用户，为版权作品提供更多的落地场景和流量导入机会。

（2）技术优势

百度先进的超级链技术，为内容版权行业提供强有力的体系化支持，助力版权行业全流程更加公信、公开、透明。百度先进的人工智能技术，基于语义理解、图像分析、视频理解、内容聚合等多项技术，能够快速构建智能推荐和检索系统，助力版权内容触达亿万用户。

3. 超级链版权保护解决方案的产品功能

（1）全流程的版权保护

将作品版权信息永久写入区块链，基于区块链的公信力及不可篡改性，结合百度领先的人工智能盗版检测技术优势，让作品的传播可溯源、可转载、可监控，改变传统内容版权保护模式。

（2）多渠道的内容分发

基于语义理解、图像分析、视频理解等多项人工智能技术，构建版权内容的搜索和推荐系统，依托百度系列产品流量支持，精准匹配版权内容与用户需求，实现版权内容供需双方高效连接。

（3）技术赋能的原创生态

建立基于区块链技术的版权登记系统、盗版检测系统和版权内容检索系统，发挥百度技术生产力，赋能原创作品版权登记、监控与维权。

（4）助力提升行业效率

基于区块链上链信息的公开透明性，解决行业信息不对称、流程效率低等切实痛点，打破封闭旧模式，实现版权内容行业的高效率及专业化。

4. 超级链版权保护解决方案的实现方法

超级链版权保护解决方案的实现方法主要有以下几方面。

（1）基础层

基于百度超级链技术构建版权链，版权链用于记录版权行业登记确权、维权线索、交易等需要公信力的或透明性的信息，版权链由百度、内容机构、确权机构、维权机构等节点共同维护，并与账本同步，具有强大的公信力。数量庞大的版权内容信息则存储于百度分布式存储系统中。版权链和分布式存储系统中的内容可相互关联访问。

（2）服务层

构建搜索、盗版检测等基础服务。

1）搜索：针对上链的版权内容，根据资源类型构建文本、图片、视频等搜索系统，为原创内容购买者提供一个需求匹配的便捷入口。

2）盗版检测：基于百度强大的技术背景和丰富的网络资源，利用成熟的分布式爬虫系统，对全网资源进行采集。基于智能 AI 技术，构建文字、图片、视频的重复检测系统，利用强大的算法和过硬的技术，即便内容发生了部分修改，也能被追踪和发现。

（3）平台层

平台层为内容生产者提供登记确权、分发交易、维权保护等核心产品功能。

5.4　可信存证与信息溯源

5.4.1　互联网信息领域的痛点

随着互联网的快速发展，进入"数字时代"以后，全球信息量约每两年翻一番，信息传播呈现出碎片化、原子化的特征。信息爆炸式的增长，使信息的获取过程更便捷，解决了信息不对称的问题，但相应地也产生了一系列问题。第一个方面，信息来源的多元化导致信息本身的可靠性下降。信息来源渠道越来越丰富，社交媒体、自媒体等新兴媒体渠道不断涌现，可以说"人人都是信息源"。其中有一部分人，为了博眼球刻意发布不实信息，导致互联网上的信息良莠不齐，信息本身的可靠性大大下降。第二个方面，信息传播成本下降导致内容的权威性、正确性无从考证。移动互联网等新兴技术的赋能，使信息二次传播的成本大大降低，通过复制粘贴、转发等手段可以轻松地将信息多次传播，加剧了信息源头追溯的难度。如何让内容更可信，已成为内容产业迫切需要解决的问题，而解决这一问题的方式之一就是信息溯源。

5.4.2　信息溯源案例：百度百科

百度百科是全球最大的中文网络百科全书。它强调用户的参与和奉献精神，充分调动互联网用户的力量进行知识的交流和分享，旨在创造一个涵盖各领域知识的中文信息收集平台。与此同时，百度百科倡导编辑者秉持"真实、客观、负责"的原则，为亿万网友提供正确、全面、及时的知识内容。百度百科将通过信息溯源的方式，实现词条内容的去伪存真。

1. 百度百科内容正确性的现存风险

百度百科是由网民共同参与编辑的网络百科全书平台。截至 2018 年 6 月，累计 654 万名用户参与词条编辑，共形成 1542 万个词条，1.4 亿个版本。百度百科词条的内容均以多人协作、版本迭代的方式逐步编写而成。用户的每次操作，如创建新词条或修改词条内容，均会形成一个新的版本。通过版本的不断迭代，一个词条才逐步趋向完善。

为了保证词条内容的正确性，百度百科把单个词条所有审核通过的版本按照时间顺序排列，形成该词条完整的编辑记录，实现编辑者、编辑时间、编辑内容可追溯。词条编辑记录供全体网民公开查阅，当发现词条内容存在争议、错误和风险时，就可以"顺藤摸瓜"追溯到内容的源头版本及其编辑者。

可见，词条编辑的过程可追溯是百度百科词条内容正确性的基础保障。然而，当前词条编辑记录的公正透明性还无法得到各方的共同认同。因为，目前词条的编辑记录均存储在百度的服务器上，这是一种中心化的存储方式，很多人因为自身的利益恶意攻击百度以便随意修改词条。在信任缺乏的情况下，这份数据不能作为信息溯源的有效依据。

2. 百度百科与区块链技术的结合点

区块链技术可使数据在多个节点存储副本，由于其通过共识机制实现节点信任，数据变更需要经过其他节点确认，因此能够有效地应对数据篡改、数据伪造的风险。

百度百科启动词条编辑记录区块链化的项目，运用区块链技术"不可篡改"的特性，形成各方共同认可的、可信的词条编辑记录。再借助词条编辑记录的溯源功能，监督词条的编辑行为，追踪风险内容，维护词条的正确性。

区块链功能赋能下的百度百科相比同类百科类产品，最大的优势在于修改历史能够被可信地溯源——通过历史版本记录及区块链信息，可以准确可信地确认词条中的每一句描述。

3. 百度百科与区块链结合的技术实现方法

百度百科区块链业务逻辑如图5-6所示，编辑提交—内容展现—浏览表示百科内容编辑的业务流程，数字签名—内容认证—查询和鉴别表示区块链相关业务流程。整个业务逻辑在现有百科内容编辑的流程下，实现了区块链功能：在用户提交词条版本后，将版本内容的签名信息写入百度区块链，以提供对用户版本内容的认证能力。在历史版本页面新增"区块链信息"入口，用户可以主动发起对区块链信息的查询和鉴别。

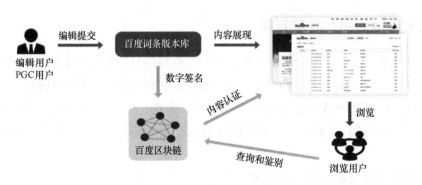

图5-6　百度百科区块链业务逻辑

4. 百度百科词条编辑记录功能介绍

每当用户提交的新版本被审核通过时，词条会被更新，同时会自动生成一条编辑记录，包括更新时间、更新内容、贡献者、修改原因等。新增区块链信息如图5-7所示，该条编辑记录的特征信息同时被存储到区块链上。用户单击区块链信息列的"查看"链接，就可以查阅存储在区块链上的信息。

版本对比	更新时间	全部版本	贡献者	修改原因	区块链信息
▣	2018-01-26 14:43	查看	vjm555	目录结构	查看
▣	2017-09-08 13:56	查看	自不必说到	删除失效链接与此链接所佐证的内容	查看
▣	2017-04-12 14:36	查看	15910997623	图片	查看
▣	2017-04-11 14:44	查看 ●	虎嗅APP	更正错误 参考资料	查看
▣	2016-08-28 12:48	查看 ●	风33	wap概述图编辑值	查看
	2016-07-20 01:01	查看	网红排行榜	(已删除)	查看
▣	2016-04-13 18:48	查看	安静的小栎栋	内容扩充	查看
▣	2016-04-08 10:48	查看 ●	安静的小栎栋	更正错误	查看
	2016-04-07 16:21	查看	安静的小栎栋	(已删除)	查看
▣	2016-03-09 16:31	查看	mnn909	内链	查看
▣	2016-01-08 17:01	查看	健忘也是幸福	内链	查看
▣	2015-11-29 13:33	查看	iove西晓伟	修改标签	查看

图 5-7　编辑记录界面新增区块链信息

存储到区块链上的编辑记录,分布式存储在多个节点中。多个节点的数据通过区块链的共识机制相互印证,避免了百度单方面篡改区块链上的版本特征信息的风险,并且可以通过版本内容重新计算版本特征信息,与区块链上的数据进行比对,保证编辑记录数据的公正透明性。

为保证词条内容的正确性,百度百科不仅要实现词条编辑记录可追溯,还要鼓励用户在编辑词条时只参考可靠的信息源,并以"参考资料"的形式记录该信息源,从而实现内容来源可追溯。运用区块链不可篡改的特性,百度百科首先将用户编辑更新的内容及引用的参考资料上链,实现第一层内容来源存证。再通过 AI 技术分析、原创登记、与其他内容版权链开展合作等多种方式,实现更进一步的来源追溯和存证,如图 5-8 所示。

图 5-8　区块链信息示例

这样,用户在阅读百科词条时,可以清晰地看到词条内容的原始来源地址,便于其进一步拓展阅读。此外,一旦发现某内容来源不可靠,百度百科可通过区块链快速定位风险内容并予以处理,有效维护词条内容的正确性。

以百度百科为代表的互联网内容平台,在信息溯源领域应用区块链技术,可以实现内容有源可查、溯源过程可信,从而让内容更真实、更透明。在未来,百科还计划与各个行业区块链打通，通过 AI 技术将区块链中的可信数据直接转换为相关词条，进一步保障百科信息的真实性和权威性。

5.4.3 农产品的信息溯源

农产品的生产地和消费地距离远，消费者对生产者使用的农药、化肥以及运输、加工过程中使用的添加剂等信息无从了解，造成了消费者对农产品的信任度降低。图 5-9 所示的基于区块链技术的农产品追溯系统，可将所有的数据记录到区块链账本上，实现农产品质量和交易主体的全程可追溯，以及针对质量、效用等方面的跟踪服务，使得信息更加透明，从而确保农产品的安全，提升优质农产品的品牌价值，打击假冒伪劣产品，同时保障农资质量、价格的公平性和有效性，提升农资的创新研发水平以及使用质量和效益。

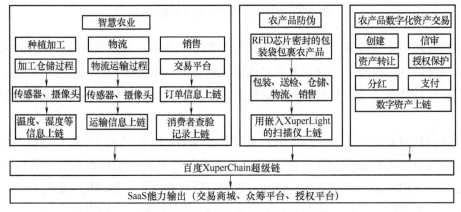

图 5-9　农产品追溯系统

通过将区块链与传感器、摄像头、射频识别（Radio Frequency Identification，RFID）芯片结合，将农作物种植、加工、仓储过程中采集的数据实时上链，构建数字化一站式消费生态。

农产品信息溯源的主要优势如下。

1. 智慧农业

XuperLight 与温湿度传感器和摄像头结合，将农作物种植、加工、仓储过程中采集的数据实时上链，在源头上确保数据真实、可信。

2. 农产品防伪

用 RFID 芯片密封的包装袋包裹农产品，并用嵌入 XuperLight 的扫描仪上链，确保各运转流程中信息可查，提升产品附加价值和产品溢价空间。

3. 农产品数字化资产交易

超级链技术的数据确权及数据溯源能够公正透明地记录、追溯数据资产的来源、所有权、使用权和流通路径。

4. 农产品销售交易

将农产品采集的各项信息数字化，用于构建数字化一站式消费生态。

5.5　可信存证与司法体系

5.5.1　电子数据与电子证据

存证是区块链的最小行为单位，在区块链上存储这些内容似乎没有什么作用，怎么样才能用于实际的生活和应用呢？这里需要弄清楚两个概念，一个是电子数据，另一个是电子证据。

电子数据是指基于计算机应用、通信和现代管理技术等电子化技术手段形成的包括文字、图形符号、数字、字母等的客观资料。电子数据是案件发生过程中形成的，以数字化形式存储、处理、传输的，能够证明案件事实的数据。随着计算机和网络技术的普及，电子商贸活动和其他许多基于网络的人际交往大量出现，电子文件已经成为传递信息、记录事实的重要载体。在这些方面一旦发生纠纷或案件，相关的电子文件就成为重要的证据。电子证据就是被作为证据研究的、能够证明案件相关事实的电子数据。

电子证据能够让人们在维权时证明数据的权属关系。区块链存证典型的应用场景就是与司法体系实现交互，这样人们所需要存储的内容就不仅可以存储在自己的计算机中，还可以同步到法院、公证处、司法鉴定中心等，实现多方作证。

随着数字化的发展，自 2012 年开始，已经逐步从传统的物证时代进入电子证据时代。现在都讲究电子证据，电子证据是依托于双方的电子关系展开的，如果通过区块链把电子交互内容存证下来，其可信度会大大提升。电子证据具有以下特点：①数量多：近 3 年，约 5000 份知识产权民事判决书中的 89% 使用电子证据；②增长快：电子证据被认定为法律事实的案件逐年增多，涉案保全金额年增长达 15%；③占比高：全国民事案件超 73% 涉及电子证据；④种类广：可应用于商务往来、离婚财产、证券纠纷、互联网金融、电子病历、聊天记录等不同类型，达 43 种。

那么为什么电子数据需要存证并联通司法呢？根据以下两个案例做出解答。

案例一：张某与唐某名誉纠纷案（张某诉唐某在微博中发布对其侮辱性的内容，但由于微博未实名且没有证据证明该微博用户为唐某所使用，故证据未被采信且败诉）。

案例二：某平台借贷纠纷案（由于平台没有足够的证据证明从网站上打印的合同未经修改，法院未采信证据且败诉）。

因此证据必须查证属实，才能作为定案的根据。电子数据具有易删、易改、易灭失、主体难识别、内容难审查等特点，因此有必要对电子证据进行存证并联通司法。

5.5.2　司法+区块链存证的意义

一个证据在流转的过程中主要经历存证、取证、示证和质证 4 个环节。对于存证，对区块链的操作就是对电子数据进行加密存证，加密的算法采用国家规定的算法。数据的存证格式具有规范性，数据存储可追溯。对于取证，通过区块链取证在未来可省去司法公证员亲自上门取证的环节，数据经由参与节点共识，独立存储，互为备份，可用于辅助电子数据真实性认定。对于示证，可采用智能合约自动取证示证、区块链浏览器示证，也可将区块链存证与公证电子证据出函流程打通，由公证参与示证。质证方面，因优化取证和示证环节，让质证聚焦于证据本身对案件的影响，因此提高了司法效率。

从目前区块链在司法领域的应用情况来看，司法存证是其主要应用场景，可以用来解决金融、知识产权、电商、交易平台等遇到的存证难、取证难、认定难的问题。如今，北京、杭州、广州、郑州、成都等多地均已搭建电子证据平台并将区块链技术运用其中。

此前，在司法实践中，电子数据较难在法庭上得到认证，因为其容易被篡改，需要通过各种形式来证明当时的证据是有效的，所以很难被法院认可并成为证据，而区块链恰巧解决了这个问题。

区块链技术可用来推动司法审判的透明、公正、精准性，可全面提高执法水准。

5.5.3 司法+区块链存证平台

基于区块链技术，北京互联网法院建立了天平链电子证据平台。

举个例子，假设有家网店搞活动，每件衣服都卖 100 元，左邻右舍默默刷屏的同时就拿小本本记下了 "A 的网店搞活动，衣服都卖 100 元"，标记为 "A_1"。B 觉得实惠，就在店里买了一件，于是左邻右舍又默默记下 "B 在 A 的网店买了一件搞活动的衣服"，标记为 "A_2"，同时标注整件衣服来自 "A_1"。有一天，A 表示，这件衣服价值 800 元，B 给的钱不够，此时左邻右舍会跳出来帮助 B。A 不认账，于是 B 在起诉时就会把左邻右舍记下来的 A_1、A_2 抽出来给 A 看，A 无法抵赖。这些左邻右舍其实就是天平链上的节点单位，天平链实际上就是用区块链技术连接这些左邻右舍并印证事实的关系网。

司法链底层为一些司法类节点的管理层，中间层为区块链服务层，最上层为应用层，对于法院来讲，其应用主要是电子卷宗、终本案件、诉讼服务等，如图 5-10 所示。因此借助多节点备份、重复而又独立的计算、数据不可篡改等特性，实现全新的公信力格局，保障链上数据的真实有效，推动区块链技术在电子数据存证和证据保全服务中的应用，这是区块链在司法存证方面的发展趋势。

5.5.4 司法+区块链存证平台的技术要求

司法对区块链提出了如下几个明确的要求：

1）身份认证，无论使用的是电子身份认证或是传统身份认证，都必须具备严格的身份认证程序和流程。

2）时间戳服务，需要采用国家授权的时间戳服务，来保障时间的准确性。

3）数据加解密，必须使用法院或者国家司法体系要求的加密算法，如国密 SM3 等。

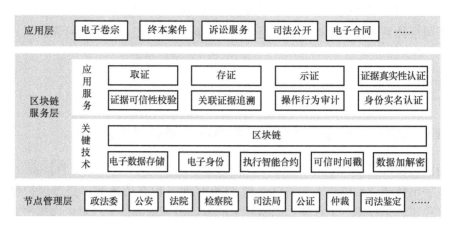

图 5-10 司法链架构图

5.5.5 法院与区块链的交互逻辑

这里以百度和北京互联网法院的天平链交互为例。

第一阶段，法院与区块链第一阶段的交互流程图如图 5-11 所示。第一部分，用户在百度存证，证据 A 通过国密 SM3 加密算法加密，得到 $hash_0$；第二部分，$hash_0$ 在百度链上存证，得到 blockid＝$txid_0$；第三部分，$txid_0$ 传送到法院，法院返回一个 $txid_1$；第四部分，百度生成一个 .bc 文件，内含 $txid_0$＋$txid_1$，并返回给用户。

第二阶段，法院与区块链第二阶段的交互流程图如图 5-12 所示。第一部分，用户立案的时候，把证据 A 上传至交互诉讼平台证据池，法院后台将证据 A 通过国密 SM3 算法加密，得到 $hash_1$，同时用户上传 .bc 文件；第二部分，法院得到 .bc 文件后，用 $txid_1$ 查找到 $txid_0$，并用 $txid_0$ 调取百度链上信息，获取 $hash_0$；第三部分，法院比对 $hash_0$ 是否等于 $hash_1$，若一致则验证通过，若不一致则验证失败。

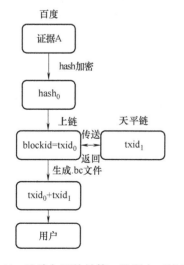

图 5-11 法院与区块链第一阶段交互流程图

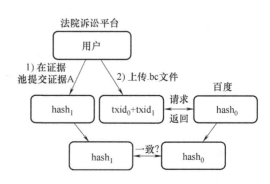

图 5-12 法院与区块链第二阶段交互流程图

依托百度自研超级链技术，利用区块链永久保存、不可篡改的特性，固化保存电子数据，并联通司法体系，形成完整电子证据闭环，保障存证可用、可信、可靠。

5.6 存证应用案例

5.6.1 版权案例——内容平台合作，打通区块链版权保护

中国新闻出版研究院发布的《2018—2019 中国数字出版产业年度报告》显示，仅 2018 年，国内数字出版产业整体收入规模已达到 8330 亿元。但在传统数字资产保护领域，有着确权难、维权难、用权难三大难题。网络技术的发展极大地降低了信息内容生产和发布的门槛，然而受限于效率低、收费高、维权难等难题，传统的版权保护难以适应数字网络时代版权保护和管理的需求——海量数字内容在网络节点中呈现"裸泳"状态。内容生产者长期处于弱势地位，优质内容无法转化为实际效益，信息的影响力无法强化版权媒体的影响力，进而长期制约着原创内容生产者的积极性。

进入自媒体时代后，确认作品权属并非易事。在用户生成内容（User Generation Content，UGC）模式下，删除和改变权利管理信息变得轻而易举。互联网作品历经多次流转传播、篡改标题或二次加工后，权属人难以界定加剧了确权的难度。网络的即时性和裂变传播也给取证和存证带来了挑战。传统维权不仅流程烦琐，耗时长，甚至在尚未启动法律程序维权时，网站已删除该侵权作品，举证也就更为困难。

区块链作为多方参与的加密分布式账本，是一种结合了分布式数据存储、点对点传输、共识机制、加密算法等计算技术的新型应用模式。多方参与记账、加密和分布式串联起了区块链技术的内在逻辑。多方参与意味着系统中的每一个用户都可以参与其中进行记账，而这种全民记账的形式也使得系统运行更加安全和高效，并且确保记录过程和内容的公开透明。

区块链对于数字版权保护的技术逻辑可以被描述为：依托区块链技术的加密，基于以链式结构上链后数据的完整性和不可篡改性，对数字版权内容进行登记、追溯、验证和保护。换言之，区块链能够准确记载作品权利管理信息，通过加盖时间戳的方式为版权登记提供独一无二的证明，并且全程留痕，有助于即时确权。

对于作品的原创作者，他们需要证明其作品的权属。例如一个作者创作出一幅画，他具有强需求来证明这幅画属于自己，另外，他具有强维权的诉求，可以利用自证权属所存下的东西与侵权者进行诉讼。传统的证明权属的方式是线下的版权登记，这种方式的成本代价比较高，时间也比较长。对于目前互联网创作者繁荣的局面，采用著作权登记的方式，效率低，成本高。因此可以采用区块链存证解决这些问题，可省去线下手续费用且速度快，既能减少成本，又能提高效率。

5.6.2 文博艺术链

百度超级链联合百度百科，基于区块链技术创建"文博艺术链"，推动百科博物馆计划

中的 246 家博物馆线上藏品上链。基于"文博艺术链"，百度将与博物馆共同推动线上藏品版权的确权与维护，同时探索线上藏品版权数字化交易方式，为合作的博物馆提供更全面的服务和更多的权益。

此项目将线上藏品入链确权，为每一件藏品产生专属的版权存证，如图 5-13 所示。让每一名用户都可以在百度百科博物馆计划的 PC 端和 WAP 端的藏品页查看证书。后续，百度还将推动 AI 与区块链技术在文博领域的结合应用，用来保障上链数据与藏品相匹配，为后续进行藏品图像版权数字化交易奠定基础。

将线下博物馆搬到线上，文物图片均是高清拍摄的，会存在一些网站盗图的风险。采用区块链进行版权存证可以解决这个问题。将区块链技术赋能百科博物馆计划，以区块链版权保护为抓手切入，助力文物数字化版权的规范和保护，使文物全面数字化得到更高效的推进，促进藏品信息库建设。

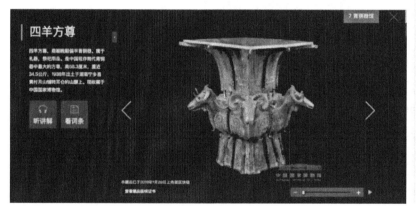

图 5-13　藏品版权存证

5.6.3　广告案例：电子屏广告监播

生活中处处都存在播放广告的电子屏，如社区电子屏、超市收银屏等，如图 5-14 所示。但是广告主和广告商会存在一个矛盾，即广告主无法确定一天内所播放广告次数的真实性。因此将广告的播放记录上链存证，可有效解决这一矛盾。将广告的播放记录上链，通过区块链来保证数据的真实性和不可篡改性。每台设备都作为轻节点加入区块链，每条播放记录均上链。因为数据是直传上链的，广告商在中间没有作恶的机会，因此广告监播的数据是真实有效的。

区块链的网络架构由 3 种节点构成。超级节点记录链上的所有交易数据，并负责出块。监管节点同步超级节点的所有交易数据。超级节点和监管节点统称为全节点。轻节点不维护全量的账本数据，它只存储自己所关心的需要进行校验有效性的那部分交易。具体来说，就是只存储所有区块的头部数据以及向此用户付款的那些交易。轻节点所需空间的大小仅是完

图 5-14　生活中的广告屏

整区块链大小的几万分之一。轻节点向超级节点或监督节点提交交易，并同步交易头部数据及自己关心的交易数据。轻节点之间不交换数据。每台电子屏设备都可作为轻节点接入，并独立对外提供查询等服务。

轻节点设备具有 3 种特殊性：设备有极高的丢失、被破解的风险，要对关键数据加密，本地不维护敏感数据；设备种类多样，拥有多种通信协议，需要对多种协议进行通用适配；设备有频繁的弱网场景（电梯、地铁等），在本地维护交易队列，保证交易信息不丢失。

5.6.4　溯源案例：溯源业务流程介绍

商品溯源（包括食品溯源），一直是巨头们争夺的区块链技术落地的热门领域。早在 2017 年，天猫国际就已经启动全球溯源计划，利用区块链技术及大数据跟踪进口商品信息，为每个跨境进口商品都用上了正品溯源功能。相比于过去商品（包括食品）溯源领域也曾采用过各种防伪技术，乃至新的互联网技术、人工智能等，或是通过严格的法律法规进行管理和规范，结果却总是不尽如人意。运用区块链技术的溯源，通过将物流管理、商品防伪、商品溯源、制造管理、行业协同等领域的深度结合，增加了商品的可追溯性、安全性。区块链的主要技术特征，在逻辑上能带来对物理世界弊端的制约和管理，这也是为何溯源被认为是区块链最有应用前景的领域之一。

按照区块链溯源技术的理念，如果人们身边的食品都有自己的身份 ID，则都能追本溯源，也就会大幅减少诸如假鸡蛋、假瘦肉、假酒等带来的食品安全问题，这无论是对消费者、生产商还是监管层，都是重大利好。但实际情况是，溯源却是区块链技术诸多应用场景中比较难的一个。

基于区块链技术的防伪溯源有个疑点，就是链上的某个厂商（节点）如果上传的就是假信息，那么溯源就失去了意义。由于各种单点技术的局限性，多年来的应用程度并不深也不够普及，虽然有法律法规的约束，但在理念和执行上还是有一定距离的。基于区块链的食品追溯系统，只管理生产、流通和消费的行为，并对这些行为和时间节点进行认证和追溯，并不能保障肉蔬本身的真伪和品质问题，这些工作还应交由配套的快速抽检体系来完成。打造智慧食药监平台采用的是"全程追溯、全域追溯"的管理理念，是基于城际管理边界来实现的，并不能保障全行业或是全国范围内的追溯。商品溯源不能仅基于区块链技术，还必须结合人工智能视觉技术，以及大数据采集分析技术来构建完整的追溯能力。

阳澄湖大闸蟹区块链溯源技术溯源流程如图 5-15 所示。为实现大闸蟹溯源，建立了从源头、分拣、打包、运箱、末端配送的全流程监控机制，通过区块链技术的去中心化、数据不可篡改、任意节点、可追溯等特点给每一只大闸蟹"上链"，上了链的大闸蟹会有独一无二的身份 ID 并印有防伪码，通过查询防伪码可以追溯大闸蟹的来源和流向，消费者可以直接查询大闸蟹溯源的全部信息。来自阳澄湖的大闸蟹溯源信息包括大闸蟹的产地、生长信息、出湖时间、流向、实时物流等，每个环节上传的数据不可篡改，为大闸蟹的真实来源提供了有力的保障。

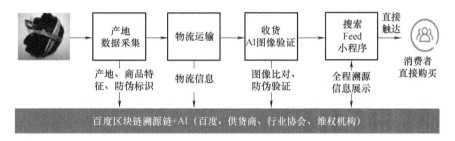

图 5-15　阳澄湖大闸蟹区块链溯源技术溯源流程

【思考题】

1. 百度超级链已经有许多成功的应用或者落地方案，怎么看待区块链思想给这些实际问题带来的便利性？

2. 有人说目前的区块链落地应用要么无法完全解决信任安全问题，要么解决的问题根本不需要区块链思想，你是怎么看待现在的区块链行业的？

3. 登录百度超级链官网，体验并制作第一份电子存证。

第 6 章
区块链隐私计算

6.1 隐私与区块链

6.1.1 个人隐私与企业隐私

隐私保护在产品化方面显得十分薄弱，迄今为止，似乎最直接相关的产品也只看到 Apple 的差分隐私（Differential Privacy）以及 Google 的联邦学习（实际上，这两种产品普通人很少听说过）。一方面，这是由于大众对于隐私保护的意识薄弱；另一方面，更重要的原因是，隐私保护和企业实现商业价值是冲突的，这在一定程度上使得大多数的企业在隐私保护的问题上动力不足。对于很多互联网公司，获取用户的个人数据涉及公司的核心利益，从 Google、Facebook 到阿里巴巴、百度、腾讯，在一定程度上都是通过收集大量的个人数据实现了用极低的边际效应实现新的产品，例如这些公司的收益中占比极高的广告投放，这也是为什么虽然 Web3、Solid 等项目一直在提倡数据个人化，但是却少有大的企业响应的原因。以上可以发现，这里说的用户隐私基本上都是指"个人用户的隐私"，然而个人用户的隐私和企业的隐私是不同的。举个例子，对于个人来说，"双 11"当天花了 19.9 元在淘宝某家店买了一个打蛋器这属于个人隐私；而对于企业，"双 11"当天和另一个企业签署了一个金额为 100 万的合同，就属于企业隐私。两类隐私在形式上虽然类似，但是产生的影响不同，面临的法律也不同，企业的动机也不同。

个人用户的隐私有着非常多的法律限制，国内相关的法律就有《民法典》《个人信息保护法》《刑法修正案七》《刑法修正案九》《网络安全法》《电信和互联网用户个人信息保护规定》《儿童个人信息网络保护规定》等，国外相关的法律有《通用数据保护条例》等。这就要求技术上必须能够满足这些法律的要求，从而帮助企业规避可能的法律惩罚，因此，企业对于个人用户数据的隐私保护是"不得不做，但以最小的代价来做"。目前，大多数的互联网公司在收集个人数据时，只是尽到了告知的责任，是为了规避法律法规，而不是真正地保护用户的隐私。总之，对于个人用户数据如何保护隐私的问题，需要加强对隐私的重视、法律法规的健全、监管的落实以及企业的配合，这是十分复杂的问题，这里不详细展开讨论。而对于企业自身的数据（如经营和销售数据），企业却需要主动引入隐私保护，因为这些数据的泄露会对企业造成严重的损失，因而企业本身有足够的动机（或者说压力）投入大量资金和精力到企业数据隐私保护中。近年来，企业数据的隐私保护也越来越被重视，这主要归因于产业互联网的发展。

产业互联网不同于传统的消费互联网（如前面提到的 Google、Facebook、阿里巴巴、腾讯、百度等），产业互联网上的数据将与个人无关，而是与企业相关，例如企业的财务数据、合同数据、采购数据、销售数据、检测数据等，这些数据量并不能与消费互联网中的数据量相提并论，然而，5G 的到来却改变了这一切，大量的传感器、物联网设备的数据接入，将使产业互联网上的数据规模远远超过消费互联网。例如，智慧路灯将实时收集周围环境的数据：温度、湿度、空气指数、人流的图像检测、车流的图像检测、电力数据等；地铁线路上将布满传感器，用于检测列车的运行情况、轨道的震动情况等。可以预见，随着大量物联网设备、传感器以 5G 的方式接入产业互联网，产业互联网上的数据增长和数据规模将是十分惊人的。企业在收集到这些数据之后，有着十分强的动机去保护这些数据，因为这些数据不但会影响社会的安全与稳定，而且会关系到企业的竞争力。例如，生产线上传感器的数据，很可能可以分析出企业的生产状况，并进一步了解企业的经营状况。因此，虽然关于企业数据隐私相关的法律法规并不多，但是人们依然认为在企业数据的隐私保护方面，将会有着爆发性的增长。对于产业互联网上的企业数据，另一个显著的特征是数据合作的需求更加巨大，这也给隐私保护带来了新的挑战。然而解决这些挑战的工具之一，就是区块链技术。

6.1.2　为什么隐私保护需要区块链

在很多关于隐私保护的技术方案中，并没有提到区块链。但人们发现，区块链为隐私保护提供了至少两方面的重要支持：可信第三方以及抵抗作弊。这两点使得区块链在隐私保护中是必不可少的。

首先，作为可信第三方，区块链提供了可靠的传输通道以及可靠的验证方。在不使用区块链的情况下，可靠的数据传输可以通过搭建专用网络（成本极高）实现，也可以通过 HTTPS 的方式实现，然而这需要依赖 HTTPS 的证书服务。在企业只有内网的情况下，还需要自建证书服务器。更进一步，当多个只有内网的企业之间进行可靠传输时，就需要跨域的证书服务器，服务器本身的搭建、维护成本尚可以接受，然而证书的发放、撤销权限意味着权利的集中，在对等的多个主体之间建立这样一个中心化的证书服务机构，有着极高的行政成本以及社会成本。可靠的验证是指隐私保护中所必需的密码验证环节，例如对于签名的验证、零知识证明中的验证等。同样的，这些验证服务如果在中心化机构或节点上验证，也会有极高的行政成本及社会成本。区块链作为一个可信的第三方使用共识的方式，参与共识的节点通过区块链共同进行证书的发放、授权、签名验证、零知识证明验证等，以极低的成本在多个对等的主体之间建立"可信第三方"。

其次，区块链作为一个在共识节点之间共同维护的账本，有着极强的抗作弊性，这在有某种信用体系的数据合作中显得尤为重要。假设存在一个不使用区块链的中心化数据交易平台，该平台使用了多方安全计算、同态加密等技术保证了数据隐私，也保证了数据分析结果的正确性、合法性。在这样一个平台上，购买数据的行为会被数据的交易记录所影响，也就是说，一个被购买更多的数据会被更多的人购买。因此，这样的数据交易平台上极有可能出现通过"左手倒右手"的刷单行为来提高自身信用的情况，因为是在一个中心化的数据交易平台上，因此这种作弊行为的处理在很大程度上依赖该交易平台本身，交易平台可以通过"付费推荐"或"作弊惩罚"等机制影响这一信用系统，这都依赖交易平台本身的意愿。而在使用区块链的数据合作平台上，数据合作的记录是"有迹可循"的，一方面，共识节点可以使用相应的抗作弊策略，另一方面，区块链上的不可篡改的记录也为后续的信用评价提供了"永久"的数据。

6.1.3　为什么区块链需要隐私保护

首先，区块链的始祖比特币本身就是一个匿名交易的电子货币，用户的身份用十六进制字符串（即公钥）来表示，这就是一种身份隐藏。随后的大零币、门罗币等数字货币，运用密码学技术将链上交易的隐私保护做到了极致。那么没有货币交易的区块链系统呢？例如很多联盟链，本身并没有发币，是否也需要隐私保护？

区块链是一个公开的账本，这意味着任何接入区块链的节点都可以看到所有的数据，对于有接入门槛的联盟链而言，这意味着所有接入该联盟链的单位都是可以看到所有的数据的。由于接入联盟链的单位具有强相关性，这本身就意味着极大的隐私泄露。目前，联盟链在数据隐私方面常见的做法是划分不同的"域"或"名字空间"，同一个"域"内的区块链数据是共享的，"域"外的节点不能访问这部分数据，Fabric 以及趣链正是采用了类似的技术。但是仍然存在很大的不足：

1）虽然外部的节点无法访问这部分数据，然而在网络层，外部的节点依然可以访问这部分数据（如 Fabric 的 Ordering 服务），且数据库的状态是一致的，无中间状态。

2）"域"内的节点仍然可以访问所有的数据，因此隐私保护的粒度还是比较粗的。

3）为了保护任意多方之间的隐私，需要构建 $O(n^2)$ 的"域"，构建并且维护这种数量级的"域"的开销很大。

4）在区块链中，可信的重要假设是 51% 或 $2(n+1)/3$ 个诚实节点的存在，然而基于"域"或"名字空间"的数据安全则是假设"域"或"名字空间"内的任意一个节点都是诚实的，且不会泄露隐私数据，这大大削弱了区块链的假设，使得其可信度大大降低。几乎可以认为，当一个"域"或"名字空间"中的节点足够多时，其中几乎必然存在一个或多个不诚实的节点，从而泄露隐私数据。

因此，基本而言，现有的联盟链的隐私保护技术还处于一片空白的状态。

6.2　多方安全计算

多方安全计算（Secure Multi-Party Computation，MPC）由姚期智在 1982 年提出，指参与者在不泄露各自隐私数据的情况下，利用隐私数据参与保密计算，共同完成某项计算任务。

该技术能够满足人们利用隐私数据进行保密计算的需求，有效解决数据的"保密性"和"共享性"之间的矛盾。多方安全计算包括多个技术分支，目前在 MPC 领域主要用到的技术是秘密共享、同态加密、不经意传输、零知识证明、混淆电路等关键技术，可以认为多方安全计算是一个协议集。

6.2.1　秘密共享

秘密共享的思想是将秘密 A 以适当的方式拆分，拆分后的每一个份额 $S_{i,i=1,\cdots,n}$ 都由不同的参与者 $x_{j,j=1,\cdots,n}$ 管理，单个参与者无法恢复秘密信息，只有若干个参与者一同协作才能恢复秘密信息。更重要的是，当其中任何相应范围内的参与者出问题时，秘密仍可以完整恢复，如图 6-1 所示。

假如你和你的朋友们正在一起面临某种生存困境，例如在野外迷路了，或是被困在沙漠中，你们难以获取食物，只好将剩下的食物收集到一起放进保险箱。但是有个问题：你们并不相信其他人，其他人很可能趁大家不注意将食物偷走。这时候，保险箱的钥匙应该怎么保管？

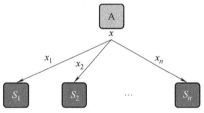

图 6-1　秘密共享图示

秘密共享思路给出的解决方案如下。就是准备 w 把钥匙，至少要 t 把钥匙才能开启。

1）首先确定 w 和 t，例如 $w=5$，$t=3$。

2）选择一个模数 p，之后所有的计算都需要模这个数。例如 $p=17$。

3）秘密地选择打开保险箱需要的正确答案 K，例如 $K=13$。

4）秘密选择 $t-1$ 个不大于 p 的不同随机数，例如 $a_1=10$，$a_2=2$。

5）分别计算 $y_i = K + \sum_{j=1}^{t=1} a_j x^j \bmod p$。例如

$y_1 = (13+10\times1+2\times1^2) \bmod 17 = 8$

$y_2 = (13+10\times2+2\times2^2) \bmod 17 = 7$

$y_3 = (13+10\times3+2\times3^2) \bmod 17 = 10$

$y_4 = (13+10\times4+2\times4^2) \bmod 17 = 0$

$y_5 = (13+10\times5+2\times5^2) \bmod 17 = 11$

6）将 y_i 作为钥匙给第 i 个人，要求他不能给别人看到。

7）集齐任意 t 个人的钥匙，例如第一个人的 8，第二个人的 7 和第五个人的 11。

8）列出方程组 $y_i = K + a_1x + a_2x^2 + \cdots + a_{t-1}x^{t-1}$，其中 y_i 是第 i 个人的钥匙，K 是待解出的答案，a_i 是未知量，x 是第 i 个人

$$y_1 = K + a_1(1 \bmod 17) + a_2(1^2 \bmod 17) = 8$$

$$y_2 = K + a_1(2 \bmod 17) + a_2(2^2 \bmod 17) = 7$$

$$y_5 = K + a_1(5 \bmod 17) + a_2(5^2 \bmod 17) = 11$$

9）解方程得 K。例如解上面方程得 $K = 13$，$a_1 = 10$，$a_2 = 2$，13 就是正确答案。

6.2.2　同态加密

同态加密是一种允许在加密之后的密文上直接进行计算，且计算结果解密后和明文的计算结果一致的加密算法。这个特性对于保护信息的安全具有重要意义。利用同态加密技术可以先对多个密文进行计算之后再解密，不必对每一个密文解密而花费高昂的计算代价。利用同态加密技术可以实现无密钥方对密文的计算，密文计算无须经过密钥方，既可以减少通信代价，又可以转移计算任务，由此可平衡各方的计算代价。利用同态加密技术可以让解密方只能获知最后的结果，而无法获得每一个密文的消息，因此可以提高信息的安全性。

目前在云计算应用中，从安全角度来说，用户还不敢将密钥信息直接放到第三方云上进行处理，通过实用的同态加密技术，用户可以放心使用各种云服务，同时各种数据分析过程也不会泄露用户隐私。加密后的数据在第三方服务处理后得到加密后的结果，这个结果只有用户自身可以进行解密，在整个过程中，第三方平台无法获知任何有效的数据信息。

6.2.3　不经意传输

不经意传输是一种可保护隐私的双方通信协议，消息发送者从一些待发送的消息中发送某一条给接收者，但并不知道接收者具体收到了哪一条消息。不经意传输协议是一个两方安全计算协议，协议使得接收方除了选取的内容外，无法获取剩余数据，并且发送方也无从知道被选取的内容。

例如，Alice 每次发两条信息（m_0、m_1）给 Bob，Bob 提供一个输入，并根据输入获得输出信息。在协议结束后，Bob 得到了自己想要的那条信息（m_0 或者 m_1），而 Alice 并不知道 Bob 最终得到的是哪条信息。流程如下：

1）发送者 Alice 生成两对 RSA 公私钥，并将两个公钥 puk_0、puk_1 发送给接收者 Bob。

2）Bob 生成一个随机数，并用收到的两个公钥之一加密随机数（用哪个密钥取决于想获取哪条数据，例如如果想要得到消息 m_0 就用 puk_0 加密随机数；如果想要得到 m_1 就用 puk_1 加密随机数），并将密文结果发送给 Alice。

3）Alice 用自己的两个私钥分别解密收到的随机数密文，得到两个解密结果 k_0、k_1，并将这两个结果分别与要发送的两条信息进行异或（k_0 异或 m_0，k_1 异或 m_1），之后将两个结果 e_0、e_1 发给 Bob。

4）Bob 用自己的真实随机数与收到的 e_0、e_1 分别做异或操作，得到的两个结果中只有

一条为真实数据，另外一条为随机数。

在此过程中，第 3）步最为关键，如果 Alice 无法从用两个私钥解密得到的结果 k_0、k_1 中区分出 Bob 的真实随机数，则 Alice 无法得知 Bob 将要获取的是哪条数据。Bob 没有私钥，也就无法得出真实的私钥解密结果（如果 k_0 为真实随机数，那么 Bob 无法得知 k_1 的值），所以也就只能得到自己想要的那条数据，而无法得到另外一条，保障协议成功执行。

6.2.4　零知识证明

零知识证明是指证明者 P 能够在不向验证者 V 提供任何有用信息的情况下，使验证者相信某个论断是正确的，即允许证明者、验证者证明某项提议的真实，却不必泄露除"提议是真实的"之外的任何信息。

在图 6-2 中，C 点和 D 点之间存在一道密门，只有知道秘密口令的人才能打开。P 知道秘密口令，并希望向 V 证明，但又不希望泄露秘密口令，可通过以下证明过程实现：

1）V 站在 A 点，P 站在 B 点。

2）P 随机选择走到 C 点或 D 点，V 在 A 点无法看到 P 选择的方向。

3）V 走到 B 点，并要求 P 从左通道/右通道的方向出来。

4）P 根据 V 的要求从指定方向出来，如果有必要需要用秘密口令打开密门。

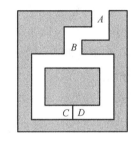

图 6-2　零知识证明经典模型——洞穴模型

如果 P 知道秘密口令，就一定能正确地从 V 要求的方向出来；如果 P 不知道秘密口令，则每次有 1/2 的概率能从 V 要求的方向出来。该证明过程可重复进行多次，直到 V 相信 P 拥有打开密门的秘密口令。

通过以上证明过程，P 就向 V 完成了关于秘密口令的零知识证明，即证明过程不会泄露任何关于秘密口令的知识。

6.2.5　混淆电路

混淆电路是双方进行安全计算的布尔电路。混淆电路将计算电路中的每个门都加密并打乱，确保加密计算的过程中不会对外泄露计算的原始数据和中间数据。双方根据各自的输入依次进行计算，解密方可得到最终的正确结果，但无法得到除结果以外的其他信息，从而实现双方的安全计算。

如图 6-3 所示，Alice 和 Bob 设计了一个电路，电路里面有一些门，每个门都包括输入（Inputs）线和输出（Outputs）线。混淆电路就是通过加密和扰乱这些电路的值来掩盖信息的。

在经典的混淆电路中，加密和扰乱是以门为单位的。每个门都有一张真值表。图 6-4 所示为混淆电路工作原理，里面包含了与门的真值表和或门的真值表。

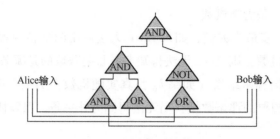

图 6-3　混淆电路示意图

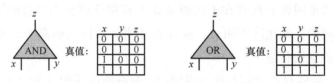

图 6-4　混淆电路工作原理

下面就以与门为例来说明混淆电路的工作原理。

Alice 和 Bob 要计算一个与门。该门有两个输入线（x 和 y）和一个输出线（z），每条线都有 0 和 1 这两个可能的值，如图 6-5 所示。Alice 首先给每条线指定两个随机的 K，分别对应 0 和 1。

然后，Alice 用这些密钥加密真值表，并将该表打乱后发送给 Bob。加密过程就是将真值表中每一行对应的 x 和 y 的密钥 $K_i(i=x，y)$ 加密 z 的密钥 K_z。这一加密及打乱的过程，就是混淆电路（Garbled Circuit）的核心思想，计算如图 6-6 所示。

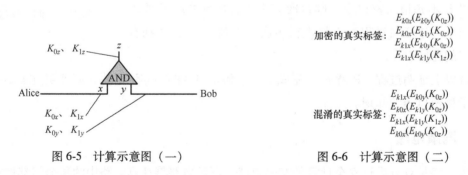

图 6-5　计算示意图（一）　　　　　图 6-6　计算示意图（二）

Bob 收到加密表后，如何计算呢？

首先 Alice 把自己的输入对应的 K 发给 Bob，例如 Alice 的输入是 0，那就发 K_{0x}，输入是 1 就发 K_{1x}。同时通过不经意传输把和 Bob 有关的 key 都发给 Bob，也就是 K_{0y} 和 K_{1y}，然后 Bob 根据自己的输入挑选相关的 K，但 Alice 并不知道 Bob 选了哪个 K。

其次 Bob 根据收到的 K_x 和自己的 K_y，对上述加密表的每一行尝试解密，最终只有一行能解密成功，并提取出相应的 K_z。

最后 Bob 将 K_z 发给 Alice，Alice 通过对比是 K_{0z} 还是 K_{1z} 得知计算结果是 0 还是 1。由于整个过程大家收发的都是密文或随机数，所以没有有效信息泄露。

6.3　联邦学习

假设有两个不同的企业 A 和 B，它们拥有不同的数据，例如企业 A 有用户特征数据，企业 B 有产品特征数据和标注数据。这两个企业原则上是不能粗暴地把双方数据加以合并的，因为它们各自的用户并没有机会同意这样做。假设双方各自建立一个任务模型，每个任务都可以是分类或预测，这些任务也已经在获得数据时取得了各自用户的认可。那么，现在的问题是如何在 A 和 B 两端建立高质量的模型。但是，又由于数据不完整（例如，企业 A 缺少标签数据，企业 B 缺少特征数据），或者数据不充分（数据量不足以建立好的模型），两端都有可能无法建立模型或效果不理想。联邦学习就是来解决这个问题的。

联邦学习的本质是一种机器学习框架，即分布式机器学习技术。联邦学习以一个中央服务器为中心节点，通过与多个参与训练的本地服务器（简称参与方）交换网络信息来实现人工智能模型的更新迭代。即中央服务器首先生成一个通用神经网络模型，各个参与方将这个通用模型下载至本地并利用本地数据训练模型，将训练后的模型所更新的内容上传至中央服务器，通过将多个参与方的更新内容进行融合均分来优化初始通用模型，再由各个参与方下载并更新后的通用模型进行上述处理，这个过程不断重复，直至达到某一个既定的标准。在整个联邦学习的过程中，各参与方的数据始终保存在其本地服务器，降低了数据泄露的风险。联邦学习的具体过程如图 6-7 所示。

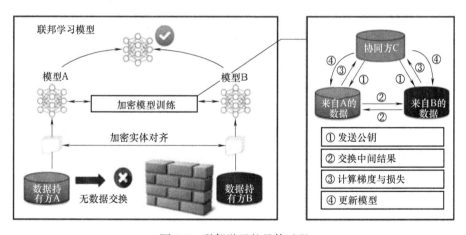

图 6-7　联邦学习的具体过程

这里以包含两个数据拥有方（即企业 A 和 B）的场景为例介绍联邦学习的系统构架。该构架可扩展至包含多个数据拥有方的场景。假设企业 A 和 B 想联合训练一个机器学习模型，它们的业务系统分别拥有各自用户的相关数据。此外，企业 B 还拥有模型需要预测的标签数据。出于数据隐私保护和安全考虑，A 和 B 无法直接进行数据交换，可使用联邦学习系统建立模型。联邦学习系统构架由 3 部分构成。

1. 加密样本对齐

由于两家企业的用户群体并非完全重合，系统利用基于加密的用户样本对齐技术，在 A 和 B 不公开各自数据的前提下确认双方的共有用户，并且不暴露不互相重叠的用户，以便联合这些用户的特征进行建模。

2. 加密模型训练

在确定共有用户群体后，就可以利用这些数据训练机器学习模型。为了保证训练过程中数据的保密性，需要借助第三方协作者 C 进行加密训练。以线性回归模型为例，训练过程可分为以下 4 步：

1）协作者 C 把公钥分发给 A 和 B，用于对训练过程中需要交换的数据进行加密，注意传输的数据是模型的计算中间结果（后面会解释具体是什么），不涉及用户隐私，当然虽然传输的数据是加密的，但模型训练时是要用私钥解密的。

2）A 和 B 之间以加密形式交互，用于计算梯度的中间结果。

3）A 和 B 分别基于解密后的交互中间信息（线性组合结果）进行各自的梯度值计算，例如 B 可基于接收的线性组合结果、标签 Y 等数据计算损失（Loss）及 X_3、X_4 的梯度，A 接收后可计算 Loss 及 X_1、X_2 的梯度。然后 A、B 分别将计算得到的 X_1、X_2、X_3、X_4 的梯度值上传到 C，C 基于梯度值计算出模型的新参数。

4）C 将 4 个新参数分别传送回 A 和 B，也就是更新 A、B 的模型，用于新一轮的迭代。

迭代上述步骤，直至损失函数收敛，这样就完成了整个训练过程。在样本对齐及模型训练过程中，A 和 B 各自的数据均保留在本地，且训练中的数据交互也不会导致数据隐私泄露。因此，双方在联邦学习的帮助下创建合作训练模型。从模型正式部署到生产后，如果要用于预测，例如输入一个用户 id，则 A、B 模型分别提供预测的线性组合结果并相加，从而得到最终的预测值。

3. 效果激励

联邦学习的一大特点就是它解决了不同机构要加入联邦共同建模的问题，提供数据多的机构所获得的模型效果会更好，模型效果取决于数据提供方对自己和他人的贡献。这些模型的效果在联邦机制上会分发给各个机构反馈，并继续激励更多机构加入这一数据联邦。

以上 3 部分的实施，既考虑了在多个机构间共同建模的隐私保护和效果，又考虑了以一个共识机制奖励贡献数据多的机构。

6.4 机密计算与差分隐私

机密计算就是针对数据在使用过程中的安全问题所提出的一种解决方案。它是一种基于硬件的技术，将数据、特定功能、应用程序，同操作系统、系统管理程序或虚拟机管理器以及其他特定进程隔离开来，让数据存储在可信执行环境（Trusted Execution Environment，

TEE）中，即使使用调试器，也无法从外部查看数据或者执行操作。TEE 确保只有经过授权的代码才能访问数据。如果代码被篡改，TEE 将阻止其继续进行操作。

机密计算的核心功能有：

1）保护在用（In-Use）数据的机密性：内存中的数据是被加密的，即便被攻击者窃取到内存数据，也不会泄露数据。

2）保护 In-Use 数据的完整性：度量值保证了数据和代码的完整性，使用中有任何数据或代码的改动，都会引起度量值的变化。

3）保护 In-Use 数据的安全性：相比普通应用，机密计算应用有更小的可信计算基，意味着更小的攻击面，也意味着更安全。以英特尔 Software Guard Extensions（SGX）为例，除了 CPU 和可信应用自身以外，其他软硬件的访问都是被拒绝的，包括操作系统、虚拟机监视器（Virtual Machine Monitor，VMM）等。

按照普通方式部署敏感应用，应用会非常依赖操作系统、VMM、硬件甚至是云厂商，任务控制块（Task Control Block，TCB），面临的攻击面也非常大。只要 TCB 中有一处遭到攻击，应用都有数据泄露和破坏的风险。而把敏感应用部署在 Intel SGX 的 TEE 中，TCB 只有 CPU 和 TEE 本身，一方面攻击面变得很小，另一方面 TEE 的安全机制也会使应用更安全。

差分隐私是针对数据库的隐私泄露问题提出的一种新的隐私定义，主要是通过加入随机噪声来实现，查询请求公开可见信息的结果，并不会泄露个体的隐私信息，即当从统计数据库查询时，最大化数据查询的准确性，同时最大限度地减少识别其记录的机会，简单来说，就是在保留统计学特征的前提下去除个体特征以保护用户隐私。

当用户（也可能是潜藏的攻击者）向数据提供者提交一个查询请求时，如果数据提供者直接发布准确的查询结果，则可能导致隐私泄露，因为用户可能会通过查询结果来反推出隐私信息。

为了避免这一问题，在交互式差分隐私保护框架下，用户通过查询接口向数据拥有者递交查询请求，数据拥有者根据查询请求在源数据集中进行查询，然后对查询结果添加噪声扰动之后反馈给用户，如图 6-8 所示。在非交互式差分隐私保

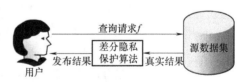

图 6-8　交互式差分隐私保护框架

护框架下，数据管理者直接发布一个满足差分隐私保护的数据集，再根据用户的请求对发布数据集进行查询操作，如图 6-9 所示。

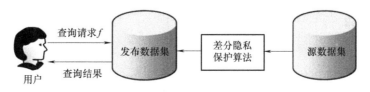

图 6-9　非交互式差分隐私保护框架

差分隐私的主要实现机制是在输入或输出上加入随机化的噪声：拉普拉斯噪声（Laplace Noise）、高斯噪声（Gaussian Noise）等。在多个场景中成功部署差分隐私，可在保护用户隐私的同时提升用户体验。例如，苹果公司使用差分隐私技术收集用户在不同语言环境中的表情符号使用情况，从而改进快速输入（QuickType）对表情符号的预测功能。根据用户通过键盘输入新单词、外来词的情况，更新设备内字典，改善用户键盘输入体验。又例如，根据使用差分隐私技术收集用户在 Safari 应用（一款由苹果开发的网页浏览器）使用中高频的高内存占用型、高耗能型域名，在 iOS（一款由苹果公司开发的移动操作系统）和 Mac OS High Sieera 系统（一款由苹果公司开发的计算机端操作系统）中，在网站加载时提供更多资源，以提升用户浏览体验。

6.5 超级链的隐私计算

隐私计算是百度超级链提供的结合区块链技术的数据安全计算服务，帮助政府、企业等客户打破数据孤岛，保证多方协同中"数据可用不可见"和"过程可信可追溯"，从而充分发挥数据价值。隐私计算通过可信执行环境、安全多方计算、联合计算、区块链等技术，实现数据的生产、存储、计算、应用的全流程安全可审计的计算过程，架构如图 6-10 所示。

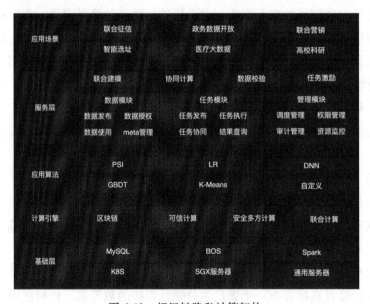

图 6-10　超级链隐私计算架构

6.5.1 核心功能

1. 可信计算

可信计算指基于可信软硬件及区块链技术，保证在企业数据绝对安全和隐私保护的前提下完成多方数据协同计算。

2. 安全多方计算

安全多方计算指在无可信第三方的情况下，通过多方共同参与，安全地完成某种协同计算，解决企业数据协同计算过程中的数据安全和隐私保护问题。

3. 联合计算

联合计算可集成区块链分布式、数据加密计算等技术，无须硬件支持，数据存储、计算均在本地环境执行，部署方式灵活。

6.5.2　应用场景

1. 联合征信

金融机构对客户进行信贷风险分析时需要结合该客户在其他金融机构的数据，在合作过程中，数据各方担心业务数据遭到流失或泄露而造成不利影响。基于区块链隐私计算，可在保护数据隐私及数据不泄露的前提下，实现多个企业间的联合计算，协助征信库构建更加准确的用户或企业的画像。

2. 政务数据开放

政务数据开放共享时，政府和企业担心自身数据泄露造成社会影响和商业损失。通过多方安全计算、联合计算方式，数据使用方发起数据请求，获取加密数据，使得政务数据在本地完成计算、模型训练，并将计算全流程上链，实现数据和模型在计算过程中不被窃取、安全可信。

3. 联合营销

传统联合营销模式中，媒体平台对广告主进行营销投放时，需将双方数据集中到安全实验室中进行标签融合、模型训练，这样会面临数据丢失及篡改等风险。基于隐私计算，可满足在广告主数据不出库的前提下得到营销投放模型，提升企业间营销数据协作并提高广告投放精准度。

4. 智能选址

传统选址方法主要依据人工调研和以往经验，这会导致调研数据维度少、投入成本高、时效性差，容易错失良机。基于多方、多维度数据及隐私计算技术，提供专业的智能选址解决方案，通过大数据助力快速精准选址，使得选址维度全面且科学，选址方法更安全、精准。

5. 医疗科研

在医疗机构中，病例数据对医疗科研与病情推断具有重要价值。然而医疗数据更多地只是在医疗机构内部流转和共享，不同医疗机构间的信息不畅通。采用多方安全计算的方式，可以实现在数据不出库的前提下完成多方医疗数据联合计算，最终得到病例数据的统计结果。

6. 高校科研

高校的许多研究课题会脱离企业、机构的真实数据实验环境，使用区块链隐私计算技术，在保障企业及机构数据不出域的前提下，既能让高校科研使用真实数据进行课题研究，又可以保护业务数据隐私安全。

【思考题】

1. 什么是隐私计算？区块链的隐私计算有什么特点？
2. 隐私计算有什么发展前景？
3. 所有的场景都需要隐私计算吗？为什么？
4. 隐私计算与区块链的安全性有什么关系？

第 7 章
应 用 案 例

7.1 跳蚤市场

7.1.1 背景

大学里有跳蚤市场（二手交易市场）但这种民间组织，还是有一定不规范性和风险性的。如果把区块链应用到跳蚤市场，就可以大大提升安全性和可靠性，交易的透明性、可溯源性也得到了保证。可以通过编写智能合约探索区块链与交易的结合。

7.1.2 思路

跳蚤市场不同于普通的商品交易，更应该注重的是二手商品的描述，也就是几成新、哪里有些破损、哪些部位不灵敏等。考虑到这些，编写了以下内容：

1. 定义跳蚤市场的商品属性

商品属性有 id、name、description、price、purchased（是否已经被购买），外部属性有 payable owner（卖家地址）。

命令：

```
struct Product {
Uint id;
    String name;
    String description;
Uint price;
    Address payable owner;
    Bool purchased;
}
```

2. 合约调用函数 createProduct( )

在二手市场上架某一商品的合约调用函数为 createProduct( )，需要输入 3 个参数，分别是商品的 name、description、price。如果输入错误，那么会返回相应报错提示，例如 name、description 的长度不能为 0，price 也不可能为负数。

```
function createProduct (string memory_name,string memory_description,
uint_price,address payable_address)public {
    //确保合法
    if(bytes(_name).length<=0)
        revert("Product's name's length should be positive!");
    if(bytes(_description).length<=0)
        revert("Product's name's length should be positive!");
    if(_price<=0)
        revert("Product's price should be positive!");
        productCount++;
        //创建一个产品
        products[productCount]=Product(ProductCount,_name,_descrip-
tion,_price,_address,false);
        emit ProductCreated(productCount,_name,_description,_price,
_address,false);
}
```

3. 合约调用函数 purchaseProduct( )

在二手市场购买商品时按商品的 id 进行购买（id 号是和商品捆绑在一起的，每上架一个商品，都会和一个 id 进行捆绑）。这个设计具有鲁棒性，商品的 id 不能输入负值，不然会报错 "Product id is illegal!"，Fee（以太坊的额度指标，对应于 price）要足够，不然会报错 "Fee is not enough!"，而且自己不能购买自己的商品，以及不能购买已经被购买的商品。

```
Function purchaseProduct(uint_id)public payable{
    Product memory_product=products[_id];
    Address payable_seller=_product.owner;
    if(_product.id < 0 ‖_product.id > productCount)
        revert("Procuct's id should between 1~productCount!");
    if(msg.value <_product.price)
        revert("Fee is not enough!");
    if(_product.purchased)
        revert("This product has been purchased!");
```

```
    if(_seller==msg.sender)
        revert("You can't buy your own products!");
    _product.owner=msg.sender;
    _product.purchased=true;
//更新商品信息
products[_id]=_product;
address(_seller).transfer(msg.value);
emit ProductPurchased(productCount,
                    _product.name,
                    _product.description,
                    _product.price,
                    msg.sender,true);
}
```

4. 查询商品

将查询分为了以下 5 种:

1) purchaseProduct( ): 按商品 id 进行单个商品查询, 此时查询会获得包括卖家地址在内的一切信息。

2) getAllProductDes( ): 详细展示所有商品, 包括商品的 id、name、description、price、purchased 信息。

3) getAllProductBrief( ): 简要展示所有商品, 包括商品的 id、name、price、purchased 信息。

4) getUnpurchasedProduct( ): 展示所有未购买的商品, 包括商品的 id、name、price 信息。

5) getPurchasedProduct( ): 展示所有已购买的商品, 包括商品的 id、name、price 信息。

具体代码如下:

```
function getAllProductDes()view public returns(string memory){
    string memory res="-----HITSZ Flea Market";
    for(uint i=1; i<=productCount;i++){
        res=string(abi.encodePacked(res,
        "-----NO",uint2str(i),":",
        "[Name]:",products[i].name,
        "[Description]:",products[i].description,
        "[Price]:",uint2str(products[i].price),
        "[State]:",boolstr(products[i].purchased)));
```

```
        }
        return res;
}
function getAllProductBrief()view public returns(string memory){
        string memory res="-----HITSZ Flea Market";
        for(uint i=1; i<=productCount; i++){
                res=string(abi.encodePacked(res,
                ":","-----NO",uint2str(i),
                "[Name]:",products[i].name,
                "[Price]:",uint2str(products[i].price),
                "[State]:",boolstr(products[i].purchased)));
}
        return res;
}      //无描述信息
function getUnpurchasedProduct()view public returns(string memory){
        string memory res="---*Unpurchased Products:*";
        uint i=1;
        uint j=1;
        while(j<=productCount){
            if(!products[j].purchased){
                res=string(abi.encodePacked
(res,"-----NO", uint2str (j),":", "[Name]:", products [j] .name," [ Price ]:",
uint2str(products[j].price);
                i++;
                }
            j++;
        }
        if(i==1)
        return"No Unpurchased Products.";
        return res;
}

function getPurchasedProduct()view public returns(string memory){
        string memory res="---*Purchased Products:*";
        uint i=1;
```

```
    uint j-1;
    while(j<=productCount){
        if(products[j].purchased){
            res = string(abi.encodePacked(res,"----MKO",uint2str(j):",
"[Name]:"products[j].name,",[Price]:"uint2str(products[j].price));
            i++;
            }
            j++;
    }
    if(i==1)
    return"No Purchased Products. ";return res;
}
```

5. 下架商品

按照商品的 id 进行下架操作，但是前提是调用合约的人一定是该商品的 owner，其他用户不可进行此操作。

```
function undercarriage(uint_id)public returns(string memory){
    if(products[_id].owner==msg.sender)
    {
        for(uint i=_id;i <productCount;i++){
            products[i]=products[i+1];
        }
        productCount--;
        return "Product has been undercarriaged. ";
    }
    else
        return "You are not the owner!";
}
```

7.1.3 XChain 实操

1. 出售商品

```
#上架新的商品
./xchain-cli evm invoke --method createProduct -a '{"_nane":"iPhone 12 pur-
ple","_description":"9.5New with a little damage on the back","_price":
"5300"}' fleamarketevm --fee 52000 --abi Tiaosao.abi -H:39101 --name xuper
```

```
./xchain-cli evm invoke --method createProduct -a '{"_nane":"iPad Air 4",
"_description":"'9New,used for 10 months,Just used for noting and stud-
ying","_price":"4000"}' fleamarketevm --fee 52000 --abi Tiaosao.abi -H:
39101 --name xuper

./xchain-cli evm invoke --method createProduct -a '{"_nane":"AirPods Pro",
"_description":"9.9New,just open for checking, never uses","_price":
"1500"}' fleamarketevm --fee 52000 --abi Tiaosao.abi -H:39101 --name xuper
```

2. 购买商品

由于 XChain 公链不支持 EVM 部署，所以这里使用 IDE 演示。现在使用 0x5B 这个账号调用合约，上架了一个商品 Math_Book。这个商品是地址 0x5B 账号的，然后换一个账号进行购买。交易完成之后对商品的信息进行查询，显示商品已被购买而且商品的地址变为购买者 0xAb 这个账户的了。

Solidity 账户信息与商品信息界面展示如图 7-1 所示。

图 7-1　Solidity 账户信息与商品信息界面

3. 展示商品

```
//按序号查询商品,包括商品的卖家地址
./xchain-cli evm query --method products -a '{"":"1"}' fleamarketevm --abi
Tiaosao.abi -H:39101 --name xuper
//详细的商品展示,包括商品描述
./xchain-cli evm query --method getAllProductDes -a {"0":""}' fleamarketevm
--abi Tiaosao.abi -H:39101 --name xuper
//简略的商品展示
./xchain-cli evm query --method getAllProductBrief -a '{"0":""}' fleamar-
ketevm --abi TiaoSao.abi -H:39101 --name xuper
//已经出售的商品,如果没有已出售的商品,则会显示无商品出售过
./xchain-cli evm query --method getPurchasedProduct -a '{"0":""}' fleanar-
ketevm --abi Tiaosao.abi -H:39101 --name xuper
//未出售的商品,如果商品都被买了,则会显示无未出售商品
./xchain-cli evm query --method getUnpurchasedProduct -a'{"0":""}' fleamar-
ketevm --abi TiaoSao.abi -H:39101 --name xuper
//按id查询商品信息
./xchain-cli evm query --method products -a '{"":"1"}' fleamarketevm --abi
TiaoSao.abi -H:39101 --name xuper
//详细展示商品
./xchain-cli evm query --method getAllProductDes -a'{"0":""}' fleamarketevm
--abi TiaoSao.abi -H:39101 --name xuper
//粗略展示商品
./xchain-cli evm query --method getAllProductBrief -a '{"0":""}' fleamar-
ketevm --abi TiaoSao.abi -H:39101 --name xuper
//展示未出售商品
./xchain-cli evm query --method getPurchasedProduct -a '{"0":""}' fleamar-
ketevm --abi TiaoSao.abi -H:39101 --name xuper
//展示已出售商品
./xchain-cli evm query --method getUnpurchasedProduct -a'{"0":""}' fleamar-
ketevm --abi TiaoSao.abi -H:39101 --name xuper
```

4. 下架商品

```
./xchain-cli evm query --method undercarriage -a'{"_id":"1"}' fleamarketevm
--fee 520000 --abi TiaoSao.abi -H:39101 --name xuper
```

```
./xchain-cli evm invoke --method undercarriage -a '{"_id":"1"}' fleamarketevm
--fee 520000 --abi TiaoSao.abi -H:39101 --name xuper
```

下架了一号商品以后，再去查看所有商品展示，此时发现原来的 3 个商品变成了两个。

```
./xchain-cli evm query --method getAllProductBrief -a '{"_id":"1"}' fleamar-
ketevm --abi TiaoSao.abi -H:39101 --name xuper
```

这里选择使用 Solidity 编写智能合约。Solidity 是一门很新的语言，专门为区块链编写智能合约而设计的。但国内的 Solidity 资源很少，版本之间存在不兼容的问题，而且不同版本的编程语法也不一样。另外，有时需要不同版本的合约，Solc 版本需要频繁切换。为了解决这个问题，在 GitHub 上找到了 solc-select 这个软件，可以随意切换 solc version，指令为：

```
solc-select versions
```

对于设计这种返回商品信息的操作，换作其他语言，直接使用 printf() 即可，但是 Solidity 并没有输出函数，只能返回一个 string，这样其实需要一个小技巧，数字的 uint 型、bool 型要转换成对应的 string 才能被返回，本案例中设计了如下函数解决这些问题。

相关数据类型转换函数如下：

```
function uint2str(uint _i) internal pure returns (string memory _uintAS-
tring){
    if(_i==0){
        return "0";
    }
    uint j=_i;
    uint len;
    while j!=0){
        len++;
        j/=10;
    }
    bytes memory bstr=new bytes(len);
    uint k=len;
    while(_i!=0){
        k=k-1;
        uint8 temp=(48+uint8(_i -i/10*10));
        bytes1 b1=bytes1(temp);
```

```
        bstr[k]=b1;
        _i/=10;
    }
    return string(bstr);
}
function boolstr(bool_i)internal pure returns(string memory){
    if(_i==false)
        return "Unpurchased";
    else
        return "Purchased";
}
function char(bytes1 b)internal pure returns(bytes1 c){
    if(uint8(b)< 10) return bytes1(uint8(b)+0x30);
    else return bytes1(uint8(b)+0x57);
}
```

7.2 学生信息管理系统

7.2.1 背景

随着教育的发展和信息化的进步，学生信息管理系统已经成为教育管理的重要工具。然而，传统的学生信息管理系统存在一些问题，如数据安全性、隐私性、真实性和一致性等方面的问题。为了解决这些问题，本应用要求使用 XuperChain 平台开发一个基于区块链的学生信息管理系统。区块链技术可以提供数据的加密、分布式、不可篡改和可验证等特性，从而保护学生信息的安全和隐私，提高学生信息的真实性和一致性，促进教育管理的透明和公正。

7.2.2 思路

灵感来源于 XuperChain 提供的合约实例 Score_record，但是实例中仅仅提供了加入成绩和查询成绩的基本操作，所以本次系统考虑将其功能扩展为增、删、查、改，同时还能计算平均分，由此定义了一个学生基类来完成这些基本操作；除此之外，将学生的其他信息也共同纳入管理，主要实现了现金余额的管理和发送信息的管理。下面所有的开发均是继承于 xchain::Contract 进行的。

1. 定义信息存储前缀

在 XuperChain 中，信息上链是以键值对的形式保存的，所以定义了各种信息存储的前缀如下：

```
const std::string OWNER_KEY="Owner";
const std::string RECORD_KEY="R_";
const std::string USERID_KEY="USER_";
const std::string LOG_KEY="LOG_";
const std::string ACCOUNT_KEY="ACCOUNT_";
const std::string MESSAGE_KEY="message_";
const std::string TRANSFER_KEY="TRANSFER_";
const std::string OWNERTRANSFER_KEY="OWNERTRANSFER_";
const std::string BALANCEPRE="balance of_";
```

1）OWNER_KEY：用来保存创建者（即管理员）信息，一经创建即无法修改。

2）RECORD_KEY：作为成绩的前缀标识，即以此为开头的 key 可以查询到具体用户的具体学科的成绩。

3）ACCOUNT_KEY：作为用户账号的前缀标识，即以此开头的 key 可以根据调用者地址查询到账号信息。

4）USERID_KEY：作为用户密码的前缀标识，即以此开头的 key 可以根据用户账号查询到对应的密码。

5）LOG_KEY：作为账号登录状态的前缀标识，即以此开头的 key 可以根据账号查询到该账号的登录状态。

6）MESSAGE_KEY：作为传输信息的前缀标识，即以此开头的 key 可以根据信息接收者账号获取信息内容。

7）TRANSFER_KEY：作为每个转账交易的前缀标识，即以此开头的 key 可以查询转账发起方、接收方和金额。

8）OWNERTRANSFER_KEY：作为管理员调度转账行为的记录的前缀标识，管理员权限比普通账号高，可以调度资源之间的不平衡，其余功能同 TRANSFER_KEY。

9）BALANCEPRE：作为余额信息的前缀标识，即以此开头的 key 可以查询账户余额。

2. 定义私有函数

定义 5 个基本的私有函数。

```
bool isOwner(xchain::context * ctx,const std::string& caller){}
std::string getAccountByHash(xchain::Context * ctx){}
bool legal_operator(xchain::context * ctx){}
std::string generate_random_hash(length){}
void Broadcast (xchain:: Context * ctx, const std:: string caller, const
std::string message){}
```

1) isOwner( ): 判断调用者是否为创建者（即管理员），可通过 OWNER_KEY 在链上查询。

2) getAccountByHash( ): 通过调用者地址查询到对应的账号，通过 ACCOUNT_KEY 前缀和调用者地址查询到对应的账号。

3) legal_operator( ): 判断调用者现在的状态是否登录了账号，从而进行账户中的操作。可通过 getAccountByHash( ) 得到对应的账号之后，只通过 LOG_KEY 前缀查询账号的登录状态。

4) generate_random_hash( ): 生成随机的哈希序列，默认为 8 位，可以自由设置，产生随机数并根据范围对应到数字以及大小写字母，用来生成随机用户账号和随机密码。

5) Broadcast( ): 此函数是管理员向所有成员发布信息的函数。通过 XuperChain 提供的 xchain::Iterator 以及 USERID_KEY 可以得到所有的账号列表，并通过 MESSAGE_PRE 作为前缀向所有账号发送需要传输的信息。

3. 定义公有函数

这里 17 个公有函数，借助 xchain::Context 提供的功能得以实现。具体的 API 及设计思路如下：

1) method initialize( )。参数：需要传入 owner（创建者/管理员）。

设计思路：将传入的 owner 信息用 OWNER_KEY 存储上链，作为该链创建者的唯一标识。若缺少 owner 则报错。

2) method login( )。参数：需要传入 account 和 password。如果没有传入 account，则使用默认 account。

设计思路：获取传入的 account 和 password。如果 password 获取失败则报错；如果 account 获取失败，就用 getAccountByHash( ) 函数根据调用者地址获取默认的 account，用 LOG_KEY+account 来获取登录状态，若已经登录则报错提示。用 USERID_KEY+account 来获取 password，并与 password 比对返回结果。

3) method logout( )。参数：无参数。

设计思路：通过 getAccountByHash( ) 获取当前调用者账号，然后通过 LOG_KEY+account 查询登录状态，根据登录状态返回退出信息。

4) method new_account( )。参数：传入 account（账号）、password（密码）、account_length（账号长度）、password_length（密码长度）。可以根据账号和密码登录，若不传入，系统将会随机返回一个账号和密码，长度由 account_length 和 password_length 控制。

设计思路：如果传入账号和密码，则用 USERID_KEY+account 作为 key 来保存 password；如果没有传入账号和密码，则根据是否传入账号长度和密码长度，用 generate_random_hash( ) 函数来随机生成新账户和密码。账户需要检测其合法性（即链上没有与之重名的账户），之后返回给用户，同时上链保存。

5) method addScore( )。参数：传入 kind（科目）、score（成绩）。

设计思路：首先通过 legal_operator( ) 函数判断用户是否登录，是否有权限进行操作，之后如果缺少需要传入的参数，则报错提醒；如果满足要求，则首先通过 getAccountByHash( ) 函数获取现在的账号，之后通过 RECORD_KEY+account+kind 的形式将 score 上链保存，返回成功或者失败信息。

6）method queryScore( )。参数：传入 kind（科目）。

设计思路：设计思路同 addScore( )函数，但是最后通过 RECORD_KEY+account+kind 查询成绩之后，如果没查找到则报错，查找到了则将成绩信息返回给用户。

7）method deleteScore( )。参数：传入 kind（科目）。

设计思路：设计思路同 queryScore( )函数，最后查询成绩之后，如果没查找到则报错，否则用 xchain：：Context 中的 delete_object( )方法删除，并返回结果。

8）method average_userScore( )。参数：无参数。

设计思路：首先通过 legal_operator( )函数判断用户是否登录，是否有权限进行操作，之后通过 xchain：：Iterator 和 xchain：：Context 中的 new_iterator( )方法对存储的内容进行遍历，找到 RECORD_KEY+account 起始的所有 key 的 value 值，即为这个账户所有的成绩，即可求出所有成绩的平均分。如果获取失败则返回报错信息。

9）method queryOwner( )。参数：无参数。

设计思路：首先通过 legal_operator( )函数判断用户是否登录，是否有权限进行操作，之后直接通过 OWNER_KEY 查询 owner 信息并返回，查询失败则报错。

10）method queryCaller( )。参数：无参数。

设计思路：首先通过 legal_operator( )函数判断用户是否登录，是否有权限进行操作，之后根据 xchain：：Context 的 initiator( )方法可直接获取调用者地址并返回，查询失败则报错。

11）method queryUserList( )。参数：无参数。

设计思路：首先通过 legal_operator( )函数判断用户是否登录，是否有权限进行操作，之后通过 xchain：：Iterator 和 xchain：：Context 中的 new_iterator( )方法对存储的内容进行遍历，找到 USERID_KEY 起始的所有 key 值，每一个 USERID_KEY 之后接的子串即为一个 account，最终将所有子串拼接起来返回给用户。若查询失败则报错。

12）method myPersonalInfo( )。参数：无参数。

设计思路：首先通过 legal_operator( )函数判断用户是否登录，是否有权限进行操作，之后通过 getAccountByHash( )获取当前调用者账号，获取失败则报错提示。然后通过 BALAN-CEPRE+account 获取当前账号余额，添加到 info 中，之后通过 xchain：：Iterator 和 xchain：：Context 中的 new_iterator( )方法对存储的内容进行遍历，找到 RECORD_KEY+account 起始的所有信息，将 kind 和 score 的内容添加到最终的 info 中，返回给用户。如果查询失败则报错。

13）method myTotalMoney( )。参数：无参数。

设计思路：首先通过 legal_operator( )函数判断用户是否登录，是否有权限进行操作，之后通过 getAccountByHash（）获取当前调用者账号，获取失败则报错提示。然后通过 BALAN-CEPRE＋account 获取当前账号余额，返回给用户。如果查询失败则报错。

14）method transfer（）。参数：传入 to（接收者）、amount（金额）。

设计思路：首先通过 legal_operator（）函数判断用户是否登录，是否有权限进行操作，之后通过 getAccountByHash（）获取当前调用者账号 account，获取失败则报错提示。若参数为空，或者传入的 to 与当前账号相同，则报错提示。之后通过 BALANCEPRE＋account 以及 BALANCEPRE＋to 分别查找交易双方的余额，通过与 amount 做加减来判断是否为合法交易行为（如交易金额大于账户余额），如果不合法则报错提示，否则就通过 TRANSFER_KEY＋to＋account 的形式上链保存以作为交易记录。

15）method OwnerPrivilegeTransfer（）。参数：需要传入 from（交易发起者）、to（接收者）、amount（金额）。

设计思路：设计思路同 transfer（）函数，只不过需要判断调用者是否为 owner，from 为资源调配过程中的调出者，to 为接收者，且每笔交易的前缀使用 OWNERTRANSFER_KEY 作为 owner 操作的标识。

16）method sendMessage（）。参数：需要传 to（接收者）、message（信息）。

设计思路：首先通过 legal_operator（）函数判断用户是否登录，是否有权限进行操作，之后通过 getAccountByHash（）获取当前调用者账号 account，获取失败则报错提示。若参数传入存在问题则报错提示，若不存在问题则先判断当前信息发送者是否为管理员（因为管理员信息需要广播给每一个用户），若是则通过 Broadcast（）函数进行广播，若不是则通过 MES-SAGE_KEY＋to＋account 的形式上链保存信息，并返回传送信息结果给用户。

17）method updateMessage（）。参数：无参数。

设计思路：首先通过 legal_operator（）函数判断用户是否登录，是否有权限进行操作，之后通过 getAccountByHash（）获取当前调用者账号 account，获取失败则报错提示。之后通过 xchain∷Iterator 和 xchain∷Context 中的 new_iterator（）方法对存储的内容进行遍历，找到 MESSAGE_KEY＋account 起始的所有信息，将其返回给用户。若查询失败则报错。

7.2.3 操作示范

1. 部署合约

```
./xchain-cli wasndeploy --account XC68866750068866750@ xuper --cnane stu_
info1 --fee 520000 --runtime c./new-test-cpp/test.wasm -a '{"owner":"dpzu-
VdosQrF2kmzumhVeFQZa1aYcdgFpN"}'
```

此时需要传入创建者的地址。

2. 账号生成
尝试在没有创建账号的情况下登录。

```
./xchain-cli wasm invoke --method login --fee 110000 stu_info1
```

此时报错，提示需要先创建一个新账号。

代码示例：

```
./xchain-cli wasm invoke --method new_account --fee 110000 stu_info1
```

此时返回系统随机生成的8位账号和8位密码，之后需要依靠该账号和密码登录。

```
./xchain-cli wasm invoke --method login --fee 110000 stu_info1 -a'{"account":
"Gp3iuAn","password":"lyGNDpZTU""}'
```

此时显示登录成功，然后退出当前账号。

```
./xchain-cli wasm invoke --method logout --fee 110000 stu_info1
```

显示成功，退出当前账号。

3. 成绩管理

尝试在没有登录的情况下添加学生成绩。

```
./xchain-cli wasm invoke --method addScore --fee 110000 stu_info1 -a '{"ac-
count":"student1","kind":"English","score":"98"}'
```

可以看到系统此时提示报错，那么可以自定义一个新账号来添加成绩。

```
./xchain-cli wasm invoke --method new_account --fee 110000 stu_info1 -a'{"ac-
count":"student1","password":"123456"}'
```

登录自定义账号并添加成绩。

```
./xchain-cli wasm invoke --method login --fee 110000 stu_info1 -a '{"ac-
count":"student1","password":"123456"}'
./xchain-cli wasninvoke --nethod addscore --fee 110000 stu_info1 -a'{"ac-
count":"student1","kind":"English","score":"98"}'
./xchain-cli wasm invoke --method addscore --fee 110000 stu_info1 -a '{"ac-
count":"student1","kind":"chinese","score":"91"}'
./xchain-cli wasm invoke --method addScore --fee 110000 stu_info1 -a '{"ac-
count":"student1","kind":"Math","score":"89"}'
```

添加了English、Chinese、Math这3门课的成绩，分别为98、91、89，下面通过计算得到个人成绩的平均分。

代码示例：

```
./xchain-cli wasm invoke --method average_userScore --fee 110000 stu_info1
```

同时也提供了删除成绩的操作。

```
./xchain-cli wasm invoke --method deleteScore --fee 110000 stu_info1 -a'{"ac-count":"student1","kind":"chinese"}'
```

删除了 Chinese 成绩，接着计算平均分。

```
./xchain-cli wasm invoke --method average_userScore --fee 110000 stu_info1
```

通过验算可知确实为 English 和 Math 的平均分，Chinese 被删除成功。

4. 基本信息查询

系统还提供了查询创建者以及调用者信息的接口。

```
./xchain-cli wasm invoke --method queryowner --fee 110000 stu_info1
./xchain-cli wasm invoke --method querycaller --fee 110000 stu_info1
```

此处由于是创建者调用，所以创建者信息和调用者信息相同。同时还提供了查询整个系统中用户列表以及个人信息的接口。

```
./xchain-cli wasm invoke --method queryUserList --fee 110000 stu_info1
./xchain-cli wasm invoke --method myPersonalInfo --fee 110000 stu_info1
```

可以看到，刚才随机生成的账号和自定义的账号都出现在了用户列表中，也可以看到当前账号的个人信息，包括账号名称、余额、各学科成绩。

5. 余额查询和转账

系统还提供了查询账户余额、转账等基本操作。

```
./xchain-cli wasm invoke --method myTotalMoney --fee 110000 stu_info1
./xchain-cli wasm invoke --method transfer --fee 110000 stu_info1 -a'{"from":"student1","to":"OGp3iuAn","amount":"15"}'
./xchain-cli wasm invoke --method myTotalMoney --fee 110000 stu_info1
```

在创建账户时会提供基础金额 100，可以看到转账成功之后，student1 账号的余额变为了 85。

6. 发送和接收消息

系统提供了点对点发送消息、接收消息的功能。

```
./xchain-cli wasm invoke --method sendNessage --fee 110000 stu_info1 -a'{"to":"student1","message":"hello!"}'
```

可以看到返回发送消息成功，接下来退出当前账号，登录另一个账号来查看接收到的信息。

```
./xchain-cl wasm invoke --method updateHessage --fee 110000 stu_info1
```

7.3 慈善筹款应用

7.3.1 背景

这是一个面向慈善筹款应用场景的智能合约，该应用利用区块链去中心化、匿名性强的特点，可减少中间环节，保证捐款能够及时、精准地交给捐助对象。该合约利用 Solidity 语言进行编写，部署在百度主导的开源框架 XuperChain 上。

7.3.2 思路

该合约（Fund. sol）对外共有 8 个函数，如图 7-2。前 5 个操作函数是需要支付 fee 的，后 3 个操作函数则不用支付。

图 7-2　合约界面函数展示

1. 求助者

```
publishWish(string content,uint256 amount,address verifier,string signature)⇒bool
```

求助者可以申请"许愿"（publishWish），只需要输入一段描述、期望筹资、第三方证实者以及证实者签名，就可以将自己的愿望公布出来。而志愿者查看到这些愿望后，就可以选择一个进行捐款。

注意：一个求助者账号地址（address）只能够同时拥有一个愿望。但是后续如果这个愿望被撤回了，就可以发布新的愿望。为了保证这一点，这里隐含地要求求助者的描述内容中应当包含对应的求助者地址，保证求助者实体不会利用这段描述和签名，以及利用多个账号地址发布多个愿望。

　　这里没有实现签名的检查，因为不同机构的签名方式是不同的，这里希望将这些签名和验证的环节交给这些机构自行处理。

checkWish()⇒string

　　求助者也可以查看自己当前愿望的进度，除了基本信息以外，求助者还可以看到已经筹集到的资金以及它和目标金额的百分比。

adjustTargetAmount(uint newAmount)⇒bool

　　求助者也可以动态地修改当前已公开愿望的目标金额。志愿者看到的信息也会同时发生变化。

getDeposit()⇒bool

　　当志愿者向求助者进行捐助时，资金不是直接到求助者手上的，而是存储在合约当中。当求助者需要时，可以通过利用这个函数获得所有存在合约当中的资金。后续如果还有进账，就继续调用。

removeWish()⇒bool

　　求助者可以自行撤下愿望，同时获得所有存在合约上的存款。撤下后，求助者就可以发布新的愿望。

2. 志愿者

listWish()⇒string

　　志愿者可以查看到所有已公开愿望（不包括已撤销的愿望）的具体信息。由此自行进行真实性的验证以及决定进行捐助。

donate(address_to)⇒bool

　　志愿者指定一个求助者的账户地址，指定一定的金额，调用该函数，就可以对求助者进行捐助。

getDonationRecords()⇒string

　　志愿者可以查看自己的捐助记录，包括了捐助对象、金额以及时间戳。

3. 配置

xuperchain/output/conf/xchain.yaml//修改 EVM 合约环境配置

evm:

driver:"evm"

enable:true

　　下载 Solc，对 Fund.sol 进行编译。

命令：

```
solc --bin --abi Fund.sol -o .
```

生成 Fund.bin 和 Fund.abi 文件。

启动 xuperchain，创建合约账户，部署 Fund.sol。

```
nohup ./xchain &
xchain-cli account new --account 1111111111111111 --fee 10000
xchain-cli transfer --to XC1111111111111111@xuper --amount 100000000
xchain-cli evm deploy --account XC1111111111111111@xuper\
--cname fund --fee 5200000 <relative_path>/Fund.bin --abi <relative_path>/
Fund.abi
```

创建一个名为 alice 的普通用户以用于演示。

```
xchain-cli account newKeys --output data/alice
cat data/alice/address
xchain-cli transfer --to <alice_address> --amount 100000
```

记录本地用户、alice 的 Xuper 地址以及 EVM 地址，后面的操作需要作为参数使用，首先查看 Xuper 地址（原始地址）。

```
cat data/keys/address
cat data/alice/address
```

分别得到对应的 EVM 地址。

```
xchain-cli evm addr-trans -t x2e -f <xuper address>
```

这里暂且将合约部署为"fundtest3"。

```
xchain-cli evm addr-trans -t x2e -f <xuper address>
```

返回结果：

```
output git:(master)./xchain-cli evm deploy --account XC1111111111111111@
xuper\ --cname fundtest3 --fee 5200000 labs/Fund.bin --abi labs/Fund.abi
contract response:
The gas you cousume is:13024
The fee you pay is:5200000
Tx id:e66f84083f8d9a4f5574ae821668f59b597bde85f7e60de6e67d2333a9860425
```

先调用 listWish() 函数，查看当前公开的愿望都有哪些，初始为空。

返回结果：

```
output git:(master)./xchain-cli evm query fundtest3 --method listWish
contract response:[{"0":""}]
```

接着，利用 alice 的账号发起一个愿望。注意，验证者必须是一个 EVM 地址。

返回结果：

```
output git:(master)./xchain-cli evm invoke fundtest3 --method publishWish\
-a'{"content":"Hello I an Alice","anount":"10000","verifier':"93F8644623
174C7AD1281BCF400A9F18D244E06',"signature":"She is real!"}'\ --fee 1000
--keys data/alice
contract response:[{"0":"true"}]
The gas you cousume is:578
The fee you pay is:1000
Tx id:4269ad566eed9520a1d63095af871dc315448930af6df1cb56b60dbbb179d263
```

这时再调用 listWish( ) 函数查看当前愿望列表，目前只有一个愿望，就是 alice 的匿名愿望（虽然在 content 参数当中暴露了真实姓名）。

返回结果：

```
output git:(master)./xchain-cli evm query fundtest3 --method listWish
contrct respose:[ {"0":"==={ wish from 6993a70d13aea81966c49ffccafde74
5ff8dcbf6 ANOUNT/TARGET:0/10000 [0%] content:\"Hello I am Alice\"Verified
by:93f86a462a3174c7ad1281bcf400a9f18d244e06 Signature:She is real!}=
=="}]
```

而 alice 也可以通过 checkWish( ) 函数看到自己的愿望。

返回结果：

```
output git:(master)./xchain-cli evm query fundtest3 --method checkWish
--keys data/alice
Contract response:[{"0":"==={wish from 6993a70d13aea81966c49ffccafde74
5ff8dcbf6 AMOUNT/TARGET:0/10000 [0%] content:\"Hello I am Alice\"Veri-
fied by:93f86a462a3174c7ad1281bcf400a9f18d244e06 Signature:She is re-
al!}==="}]
```

可以看到，alice 的愿望中 TARGET 是 10000，现在利用 alice 的账号对 target amount 进行修改。

返回结果：

```
output git:(master)./xchain-cli evm invoke fundtest3 --method adjustTar-
getAmount\-a'{"newAmount":"20000"}'--fee 1000 --keys data/alice
contract response:[{"0":"true"}]
The gas you cousume is:129
The fee you pay is:1000
Tx id:b81ca3c84cf97056d7b2c54da27d87812ca6ed2db53bd2bea76f837b5f1d5540
```

可以看到，TARGET 变成了 20000。

返回结果：

```
output git:(master)./xchain-cli evm query fundtest3 --method checkWish
--keys data/alice
contract response:[{"0":"===={wish from 6993a70d13aea81966c49ffccafde74
5ff8dcbf6 AMOUNT TARGET:0/20000 [0%] content:"Hello I am Alice\"Veri-
fied by
93f86a462a3174c7ad1281bcf400a9f18d244e06 Signature:She is real!}===="}]
```

接下来通过本地账户（data/keys）对 alice 进行捐助；通过 listWish()函数可以看到 alice 的 EVM 地址为 6993a70d13aea81966c49ffccafde745ff8dcbf6，--amount 用于指定捐助金额。

返回结果：

```
output git:(master)./xchain-cli evm query fundtest3 --method listWish con-
tract response:[{"0":""}]
output git:(naster).|/xchain-cli evm invoke fundtest3 --method donate\
>-a'{"_to":"6993a70d13aea81966c49ffccafde745ff8dcbf6"}'--fee 500 --amount
1000 contract response:[{"0":"true"}]
The gas you cousume is:449
The fee you pay is:500
Tx id:fb70b6cda31edb1829cf9f90f210527dcadda218d50d81a33baecd77854c1680
```

再次查看 alice 的愿望，发现筹款的金额增加了，百分比也增加了。

返回结果：

```
output git:(master)./xchain-cli evm query fundtest3 --method listWish
--keys data/alice
contract response:["0":"===={wish from 6993a70d13aea81966c49ffccafde74
5ff8dcbf6 AMOUNT TARGET:1000/20000 [5%] content:"Hello I am Alice\"Ver-
ified by 93f86a462a3174c7ad1281bcf400a9f18d244e06 Signature: She is
real!}===="}]
```

通过 getDeposit( )，alice 可以获得存放在合约中的捐款。

返回结果：

```
output git:(master)./xchain-cli account balance --keys data/alice 5100
output git:(master)./xchain-cli evm invoke fundtest3 --method getDeposit
\> --fee 500 --keys data/alice
contract response:[{"0":"true"}]
The gas you cousume is:129
The fee you pay is:500
Tx id:a590522d21db54f24245fb7c9635b71419a618e68cb66dd542d9ec3484f21fd7
output git:(master)./xchain-cli account balance --keys data/alice 5600
```

此时看到 alice 的账户余额多了 500，这是由合约中的金额 1000（本地账户捐助的）减去 500 的 fee 得到的。

接下来 alice 撤下愿望。

返回结果：

```
output git:(master)./xchain-cli evm query fundtest3 --method removeWish\>
--fee 400 --keys data/alice
contract response:[{"0":"true"}]
The gas you cousume is:257
The fee you pay is:400
Tx id:fc3ef5a275ec890aa3fae7a993ef2425ea31fcaa0ca5c6d0d6f1ca298fd1ee59
output git:(master)./xchain-cli evm query fundtest3 --method listwish con-
tract response:[{"0":""}]
```

可以看到已公开的愿望已经清空了。

因为本地账户（data/keys）之前捐助过 alice 一次，因此可以调用 getDonationRecords( ) 查看之前的捐助记录。

返回结果：

```
output git:(master)./xchain-cli evm query fundtest3 --method getDonation-
Records
contract response:[ {"0":"==={ To:6993a70d13aea81966c49ffcafde745ff8dcb
f6 Amount:1000 时间戳:1618237062]==="}]
```

一个链上可以同时存在来自不同账户的多个愿望，一个账户的捐助记录也可以不止一个。

4. 总结

在考虑区块链应用的主题时，总结了以下 2 个共同点：

1）区块链是解决利益冲突的一种技术，因此应用到的场景需要有利可图。

2）区块链中的各个节点基本上是对等的，因此可以运用到平等、公开的场景。

事实上，任何非营利组织、公共机构都可以考虑运用区块链来运营一些相关的业务，保证所有参与者都有监督权，打通中间平台的垄断。例如，开源机构可以考虑用区块链来运营一些代码提交和审计的业务，保证所有注入漏洞者的提交记录会被永久保存下来。应用最普遍的代码管理工具 Git 和区块链的思想是有很多共同点的，甚至有可能融合二者来创造一个有代码永久保存能力的代码管理工具。

除此以外，放眼到更专业的场景，在计算机领域可以考虑用区块链运营一些网络基础设施，如 DNS（域名服务）、CA 等，这可以保证各方网络对等。在战时状态时，可以保证各国家均有对等的节点，不会因此受人牵制。在需要分布式存储的领域，可以用区块链防止伪造，如物联网。

Fund. sol 完整合约代码如下：

```solidity
//"SPDX-License-Identifier:GPL-3.0"为默认头部识别标识
pragma solidity ^0.8.0;

contract Fund {
    struct Wish {
        string content;
        address verifier;
        string signature;
        uint deposit;
        uint gathered_amount;
        uint target_amount;
        bool state;
    }
    struct Record {
        address donee;
        uint amount;
        uint 时间戳;
    }
    address[] private hasWish;
    mapping(address => Wish)private wishList;
```

```solidity
    mapping(address => Record[]) private donation_records;


    //受赠者操作
    function publishWish(string memory content,uint amount,address veri-
fier,string memory signature)
    public payable returns(bool){
        "'验证者应该是一个能够保证真实性的官方机构,并且它的公钥是公开的,
        签名的细节应该包括唯一的地址,以防止两个账户都得到使用唯一证明的钱,所
以 signature = sign(hash(address+content))'"
        require(wishList[msg.sender].state == false,"[Failed] You have
had a wish.One can only have one wish.");
        wishList[msg.sender].content = content;
        wishList[msg.sender].verifier = verifier;
        wishList[msg.sender].signature = signature;
        wishList[msg.sender].deposit = 0;
        wishList[msg.sender].gathered_amount = 0;
        wishList[msg.sender].target_amount = amount;
        wishList[msg.sender].state = true;
        hasWish.push(msg.sender);
        return true;
    }


    function removeWish() public payable returns(bool){
        require(wishList[msg.sender].state == true,"[Failed] You have
no wish published now.call >> publish() to have one");
        payable(msg.sender).transfer(wishList[msg.sender].deposit);
        wishList[msg.sender].state = false;
        for(uint i=0; i < hasWish.length; i++){
            if(hasWish[i] == msg.sender){
                hasWish[i] = hasWish[hasWish.length -1];
                hasWish.pop();
                return true;
            }
```

```
        }
        return false;
    }


    function checkWish() public view returns (string memory) {
        return checkWish(msg.sender);
    }


    function adjustTargetAmount(uint newAmount) public payable returns
(bool) {
        require(wishList[msg.sender].state==true,"[Failed] You have no
wish published now. call >> publish() to have one");
        require(newAmount > 0,"[Failed] You should give a positive num-
ber.");
        wishList[msg.sender].target_amount=newAmount;
        return true;
    }


    function getDeposit() public payable returns (bool) {
        require(wishList[msg.sender].state==true,"[Failed] You have no
wish published now. call >> publish() to have one");
        require(wishList[msg.sender].deposit > 0,"[Failed] The deposit
is 0.");
        payable(msg.sender).transfer(wishList[msg.sender].deposit);
        wishList[msg.sender].deposit=0;
        return true;
    }


    function checkWish(address _who) internal view returns (string memory) {
        require(wishList[_who].state==true,"[Failed] no wish published
now. call >> publish() to have one");
        return string(abi.encodePacked("==={ wish from",toAsciiString
(_who),
            "AMOUNT/TARGET:",uint2str(wishList[_who].gathered_amount),"/",
uint2str(wishList[_who].target_amount),
```

```
          "[",uint2str(wishList[_who].gathered_amount*100/wishList
[_who].target_amount),"%] content:",
          "\"",wishList[_who].content,"\"",
          " Verified by:",toAsciiString(wishList[_who].verifier),
          " Signature:",wishList[_who].signature,
          "}==="));
    }

    function listWish() public view returns(string memory){
        string memory res="";
        for(uint idx=0; idx < hasWish.length; idx++){
            res=string(abi.encodePacked(res,checkWish(hasWish[idx])));
        }
        return res;
    }

    function donate(address payable _to)public payable returns(bool){
        require(wishList[_to].state==true,"[Failed] This person have no
wish.");
        require(msg.value > 0,"[Failed] The amount shouldn't equal to 0.");
        require(msg.sender!=_to,"[Failed] You can't donate yourself.");
        wishList[_to].gathered_amount+=msg.value;
        wishList[_to].deposit+=msg.value;
        donation_records[msg.sender].push(Record({donee:_to,amount:
msg.value,时间戳:block.时间戳}));
        return true;
    }

    function getDonationRecords() public view returns(string memory){
        Record[] storage recds=donation_records[msg.sender];
        string memory res="";
        for(uint i=0; i < recds.length; i++){
            res=string(abi.encodePacked(res,
                "==={ To:",toAsciiString(recds[i].donee),
```

```
        "Amount:",uint2str(recds[i].amount),
        "时间戳:",uint2str(recds[i].时间戳),
        "}===")) ;
    }
    return res;
}

function uint2str(uint_i) internal pure returns(string memory_uintAs-
String){
    if(_i==0){
        return "0";
    }
    uint j=_i;
    uint len;
    while(j!=0){
        len++;
        j/=10;
    }
    bytes memory bstr=new bytes(len);
    uint k=len;
    while(_i!=0){
        k=k-1;
        uint8 temp=(48+uint8(_i - _i/10*10));
        bytes1 b1=bytes1(temp);
        bstr[k]=b1;
        _i/=10;
    }
    return string(bstr);
}

function char(bytes1 b) internal pure returns(bytes1 c){
    if(uint8(b)< 10) return bytes1(uint8(b)+0x30);
    else return bytes1(uint8(b)+0x57);
}
```

```
    function toAsciiString (address x) internal pure returns (string
memory){
        bytes memory s=new bytes(40);
        for(uint i=0; i < 20; i++){
            bytes1 b=bytes1(uint8(uint(uint160(x))/(2 ** (8 * (19 -i)))));
            bytes1 hi=bytes1(uint8(b)/16);
            bytes1 lo=bytes1(uint8(b)-16 * uint8(hi));
            s[2 * i]=char(hi);
            s[2 * i+1]=char(lo);
        }
        return string(s);
    }
}
```

【思考题】

在本章的案例中挑选一个感兴趣的主题，或者自己创建一个新的主题，根据所学到的实操知识开发一个简易的区块链 DApp，并思考该如何将此 DApp 扩展，以便与实际场景对接来解决问题。

参 考 文 献

【1】 GRIBBLE S D, HALEVY A Y, IVES Z G, et al. What can database do for peer-to-peer? [J]. WebDB, 2001, 1: 31-36.

【2】 余敏，李战怀，张龙波. P2P 数据管理 [J]. 软件学报，2006 (8): 61-74.

【3】 LAMPORT L. Paxos made simple [J]. ACM SIGACT News (Distributed Computing Column), 2001, 32 (4): 51-58.

【4】 ONGARO D, OUSTERHOUT J K. In search of an understandable consensus algorithm [C]. Proceedings of the USENIX Annual Technical Conference. Philadelphia: USENIX, 2014: 305-319.

【5】 LAMPORT L, SHOSTAK R, PEASE M. The Byzantine generals problem [M]//Concurrency: the works of Leslie Lamport. New York: ACM, 2019: 203-226.

【6】 FISCHER M J, LYNCH N A, PATERSON M S. Impossibility of distributed consensus with one faulty process [J]. Journal of the ACM (JACM), 1985, 32 (2): 374-382.

【7】 CASTRO M, LISKOV B. Practical Byzantine fault tolerance and proactive recovery [J]. ACM Transactions on Computer Systems (TOCS), 2002, 20 (4): 398-461.

【8】 KOTLA R, ALVISI L, DAHLIN M, et al. Zyzzyva: speculative byzantine fault tolerance [C]//Proceedings of twenty-first ACM SIGOPS symposium on operating systems principles. New York: ACM, 2007: 45-58.

【9】 KWON J. Tendermint: Consensus without mining [EB/OL]. [2023-05-30]. https://tendermint.com/static/docs/tendermint.pdf.

【10】 LIU S, VIOTTI P, CACHIN C, et al. {XFT}: Practical fault tolerance beyond crashes [C]//12th USENIX Symposium on Operating Systems Design and Implementation (OSDI 16) [S.l.]: USENIX,. 2016: 485-500.

【11】 BEHL J, DISTLER T, KAPITZA R. Scalable {BFT} for {Multi-Cores}: {Actor-Based} Decomposition and {Consensus-Oriented} Parallelization [C]//10th Workshop on Hot Topics in System Dependability (HotDep 14). [S.l.]: [s.n.], 2014.

【12】 ZBIERSKI M. Parallel byzantine fault tolerance [M]//Soft Computing in Computer and Information Science. Cham: Springer, 2015: 321-333.

【13】 ZHAO W. Optimistic byzantine fault tolerance [J]. International Journal of Parallel, Emergent and Distributed Systems, 2016, 31 (3): 254-267.

【14】 SCHWARTZ D, YOUNGS N, BRITTO A. The ripple protocol consensus algorithm [J]. Ripple Labs Inc White Paper, 2014, 5 (8): 151.

【15】 DOUCEUR J R. The sybil attack [C]//International workshop on peer-to-peer systems. Berlin: Springer, 2002: 251-260.

【16】 DWORK C, NAOR M. Pricing via processing or combatting junk mail [C]//Annual international cryptology conference. Berlin: Springer, 1992: 139-147.

【17】 NAKAMOTO S. Bitcoin: A peer-to-peer electronic cash system [J]. Decentralized Business Review, 2008: 21260.

【18】 SIIM J. Proof-of-stake〔C〕//Research seminar in cryptography. Oslo：Springer, 2017.

【19】 YANG F, ZHOU W, WU Q Q, et al. Delegated proof of stake with downgrade：A secure and efficient block-chain consensus algorithm with downgrade mechanism〔J〕. IEEE Access, 2019, 7：118541-118555.

【20】 HABER S, STORNETTA W S. How to time-stamp a digital document〔C〕//Conference on the Theory and Application of Cryptography. Berlin：Springer, 1990：437-455.

【21】 HABER S, STORNETTA W S. Secure names for bit-strings〔C〕//Proceedings of the 4th ACM Conference on Computer and Communications Security. New York：ACM, 1997：28-35.

【22】 ETHEREUM W. Ethereum〔EB/OL〕.〔2023-05-30〕. https：//ethereum. org.